密林之灵

赵序茅

兰州大学出版社
LANZHOU UNIVERSITY PRESS

图书在版编目（ＣＩＰ）数据

密林之灵 / 赵序茅著. -- 兰州 ： 兰州大学出版社，2023.4

（"动物中国"系列科普读物）

ISBN 978-7-311-06448-8

Ⅰ.①密… Ⅱ.①赵… Ⅲ.①金丝猴—青少年读物 Ⅳ.①Q959.848-49

中国国家版本馆CIP数据核字(2023)第031953号

责任编辑　冯宜梅　张爱民
封面设计　刘克锦

书　　名　**密林之灵**
作　　者　赵序茅　著
出版发行　兰州大学出版社　（地址:兰州市天水南路222号　730000）
电　　话　0931-8912613(总编办公室)　0931-8617156(营销中心)
　　　　　0931-8914298(读者服务部)
网　　址　http://press.lzu.edu.cn
电子信箱　press@lzu.edu.cn
印　　刷　兰州银声印务有限公司
开　　本　890 mm×1240 mm　1/32
印　　张　7
字　　数　139千
版　　次　2023年4月第1版
印　　次　2023年4月第1次印刷
书　　号　ISBN 978-7-311-06448-8
定　　价　42.00元

前言

　　灵长类动物是人类在动物界的一面镜子。它们是和人类亲缘关系最近的动物。在生物分类上，人类与灵长类动物同属于一科——人科。以黑猩猩举例，我们与其在基因组上的差异仅1%左右，也就是说，人类族群与黑猩猩约99%的基因都是相同的，这也使得它们与人类在表达、认知等许多行为上均有相似之处。比如说，黑猩猩在遇到狒狒群体时会捡起地上的石子丢向狒狒，并且一边喊叫、一边跺脚，目的就是想通过恐吓的方式驱赶狒狒，让它们离开。这与人类在遇到狗群攻击时丢石子恐吓的行为如出一辙。此外，还有研究表明，黑猩猩与人类一样，具有认知三原色的能力，经过训练的黑猩猩在瞬时记忆能力上甚至远远超过成年人类。

　　不仅如此，灵长类动物在生态系统中更起到了举足轻重的作用，如传播种子以维持森林的更新。灵长类动物对种子的传播主要通过三种方式。其中，最主要的方式就是消化道传播，即动物吞咽种子后又排出，通过这种"有味道"的方式为植物们的繁衍尽一份力。同时，研究人员观察发现，一些猴科灵长类动物会在取食果肉后丢弃种子，这种"边吃边丢"法也可达到传播种子的目的。特别的是，猕猴属与长尾猴属灵长类动物在取食果实的时候会将果实暂时储存在自己的颊囊之中，并在远离取食果树的位置处理果实并吐出种子，这又是灵长类动物进行种子传播的方式之一。

　　然而，人类的近亲们在动物界的生存境况却不容乐观。在地球上，60%以上的灵长类动物的生存受到了威胁。我国是包括懒猴、猕猴、叶猴和长臂猿、金丝猴等在内的27种灵长类动物的家园。灵长类动物的保护在国内非常受重视，所有的灵长类动物都是二级或二级以上的保护物种。可即便非常重视保护，随着社会经济的发展，人类对自然环境的影响，灵长类动物的生存也间接受到了威胁。

近40年来，我国灵长类动物的保护面临着严峻的挑战。很多灵长类动物生活在原始森林中，比如金丝猴，而森林一旦遭遇破坏，它们就会失去家园。笔者从博士期间跟随李明老师研究中国的金丝猴，到如今进入兰州大学独自开展科研工作，依然在与金丝猴打交道。

中国有四种金丝猴，分别为川金丝猴（*Rhinopithecus roxellana*）、滇金丝猴（*Rhinopithecus bieti*）、黔金丝猴（*Rhinopithecus brelichi*）、缅甸金丝猴（*Rhinopithecus strykeri*，国内也称怒江金丝猴），这四种金丝猴都是国家一级

保护动物。其中川金丝猴、滇金丝猴和黔金丝猴是我国特有的非人灵长类，滇金丝猴和黔金丝猴还曾一度被列入世界25种顶级濒危灵长类名单。

保护金丝猴，我们首先要了解它们的习性、生存状态、分布数量等。本书中，笔者根据自己多年来调查、研究金丝猴的经历，同时参阅学习了国内外同行对金丝猴最新的研究报道，系统梳理、介绍了金丝猴的社会结构、行为习性等，并将这些研究科普化，展示给公众。由于这四种金丝猴都属于疣猴亚科仰鼻猴属，在很多方面具有共性，为避免内容重复，本书以滇金丝猴为代表详细介绍了仰鼻猴属的社会结构、行为习性，对于川金丝猴则重点介绍其最新的研究成果和有别于滇金丝猴的地方，黔金丝猴和缅甸金丝猴由于数量稀少，野外观测难度极大，相关研究资料较少，书中只侧重介绍了其基本的生存状态。

在野生动物的保护中，我们一直强调尽量减少人为干扰，让它们在自然状态下生活。但如今，人类的足迹几乎遍布全球，许多野生动物生活的区域不可避免地受到了干扰。需要强调的是，尽管我们经常听到人类活动会导致野生动物生境破损、数量下降甚至灭绝的观点，但是人类活动给野生动物带来的并非全是负面影响。因此，当前形势下，想要野生动物更好地生存和繁衍，还需得借助人类的力量，通过人类的保护，让灵长类动物与人类和谐共处。

　　从国家层面来看，我国高度重视野生动物保护，一再强调"绿水青山就是金山银山"，施行"退耕还林还草"等一系列举措，推进生态文明建设，保护着野生动物的生境。从社会与个人的角度来看，为满足自己的非法利益与好奇心而偷猎、偷食野味的行为在逐渐减少；野生动物保护相关政策及法律法规也在逐步完善；严厉打击各种偷猎、偷食野生动物行为的力度在不断加大。相关政府部门也应当履行好自己的责任，构建系统完备的野生动物保护体系，提供政策及相关资金支持以切实推进各项野生动物保护工作顺利进行。

当然，想要更好地保护野生动物，我们还应更进一步提升公众的野生动物保护意识，加大野生动物保护宣传。这也是本书的价值和意义所在。我们有理由相信，通过对野生动物保护的高度关注与长期努力，在不久的将来，以金丝猴为代表的野生动物必然会与人类形成和谐共生的局面。

保护我们的近亲，就是保护我们人类自己。

赵序茅

2023年1月

目 录

壹

Spirit

of

the

Forest

金丝猴的社会结构

1

不是所有的金丝猴
都有金丝

目前，全球有5种金丝猴，中国就有4种。金丝猴是中国最受瞩目的灵长类。金丝猴都长着一对朝天的鼻孔，又叫仰鼻猴。中国古人早在2000多年前就对这类猴子有认知，《山海经》中记载长有仰鼻的猴子有两种，一种是金色毛发的"蜼"，另一种是毛色深灰的"果然"。同时，诗经中的"猱"也有类似的描述。《淮南子注》中描述的"长尾而卬（仰）鼻"，非常接近现代对于仰鼻猴的描述。

科学家认为，灵长类动物和人类一样，起源于非洲，随后向其他地区扩散。因此，灵长类动物大多生活在气候温暖的热带和亚热带区域，而金丝猴则是为数不多的分布到

五种金丝猴

温带的灵长类动物。在中国，金丝猴经历了清晰的分化，逐渐形成了目前这样的种群态势。它们有等级，但没有猴王，各家庭之间友好相处，又保持互不侵犯的默契。它们的长相和生活都更接近人类的某些特征。

基于全基因组数据分析，1800万年前疣猴亚科从猴亚科分化出来，1200万年前亚洲疣猴和非洲疣猴发生分化，670万年前金丝猴属形成。

中国的4种金丝猴分别是滇金丝猴、川金丝猴、黔金丝猴和缅甸金丝猴[1]。除了"仰鼻"外，5种金丝猴的拇指退

———————————

① 世界的另一种金丝猴是越南金丝猴。

化成疣状，这是疣猴亚科的特征。中国的这4个金丝猴物种由北方类群（川金丝猴、黔金丝猴）和喜马拉雅类群（滇金丝猴、缅甸金丝猴）组成。北方类群的分化时间为160万年前，紧邻金丝猴祖先种群的分化（169万年前）。这一时间刚好与引起青藏高原抬升的原木运动的时间吻合（约10万年前）。因此，这一时间的青藏高原的抬升有可能引起金丝猴属的分化以及随后的北方类群的分化。喜马拉雅类群基因组区域上的分化时间的分布与上述结果一致。金丝猴的起源和分化与横断山脉及青藏高原的隆升具有很大关系。169万年前，金丝猴的祖先种分化出川金丝猴、黔金丝猴祖先与滇金丝猴、缅甸金丝猴祖先，随后川金丝猴和黔金丝猴在160万年前分化，而滇金丝猴与缅甸金丝猴则最后于33万年前分化。

猴票

川金丝猴

　　对滇金丝猴种群的演化历史，科学家有一个初步的推测：100万年～70万年前，由于青藏高原剧烈抬升导致的地质变化使滇金丝猴种群隔离，独立进化成 A、B 两支。此后，由于16万年～5万年前 A 支种群的爆发，初隔离的种群又重新融合。随后，由于人类活动的影响，栖息地逐渐破碎化，种群也逐步衰退，延至今日。滇金丝猴、黔金丝猴和缅甸金丝猴有效种群自演化后就一直呈现下降的趋势，这与川金丝猴明显不同。这可能是与这些物种所面临的生境片段化奠基者效应有关。有趣的是，在末次盛冰期的末期，黔金丝猴种群有一次明显的回升。川金丝猴有效种群第一次改变发生在200万年～10万年前之间，并在100万年前降到最低。

说来有趣，最早发现金丝猴的竟是大熊猫的发现者 Pere David。1870 年，法国动物学家米勒·爱德华兹 （Milne-Edwards）首次对采自四川宝兴的川金丝猴进行了描述，并将其定名为 *Rhinopithecus roxellana*。种名 *roxellana* 来自旧时"十字军"总司令 Suleiman 的夫人 Roxellana，一位被认为美丽的鼻孔上仰的女士。第二个猴种——滇金丝猴 （*R. bieti*）采自云南白马雪山。第三个猴种——黔金丝猴 （*R. brelichi*）采自贵州梵净山。第四个猴种——越南金丝猴 （*R. avunculus*）采自越南北部。第五个猴种——缅甸金丝猴 （*R. strykeri*）2010 年在缅甸东北部发现，2011 年在中国怒江也发现了。现在川金丝猴数量最多，达 25000 只之多，滇金丝猴约有 3000 只，黔金丝猴最少，仅有 800 只左右，而缅甸金丝猴种群数量不清。

在众多的灵长类中，长相最接近人类的就是滇金丝猴了。滇金丝猴，又名黑白仰鼻猴，长着一张最像人的脸，面庞白里透红，再配上美丽红唇，堪称世间最美的动物之一。它们是中国特有珍稀濒危灵长类，世界自然保护联盟将其列为高度濒危物种。滇金丝猴终年生活在海拔 3000～4000 米的雪线附近的高山暗针叶林带，是除了人类以外分布地区海拔最高的灵长类动物，被称为"高山精灵"。

目前，滇金丝猴仅分布于金沙江和澜沧江之间，包括西藏芒康和云南德钦、维西、丽江、兰坪等地，群体大小从 50 只到 500 只不等，总数约为 3000 只。

从字面上看，川金丝猴是5种金丝猴中最名副其实的。因为这5种金丝猴中只有川金丝猴的毛是金黄色的，其他的都是灰色、黑色。成年的川金丝猴周身披有金红、赤褐、银灰色的绒毛和长毛，主调为黄褐色，在被毛中尚有大量黑褐色底毛。成年雄猴背部和肩部的金丝长毛可达30厘米，在示威展示时会陡增其威严，看上去威风凛凛。由于气候原因，川金丝猴一年之中毛色深浅不同，每年8—10月是它们最美丽的时候，金红色的长毛在阳光的照耀下闪闪发光，很像披上了一件金丝斗篷，"金丝猴"的美名由此得来。川金丝猴两颊和额正中的毛都向脸的中央伸展，露出两个凹陷的天蓝色眼圈和一个突出的天蓝色吻圈，再加上鼻骨退化，没有鼻梁，形成了一个鼻孔上翘的朝天鼻子。颜面部为蓝色，吻部肥大，没有颊囊，嘴角处有瘤状的突起，并且随着年龄的增长而变大变硬。它们的眼睛周围还有一圈白，好像戴着一副特制的白边眼镜。

川金丝猴是中国特有珍稀动物，目前它们在自然界相互隔离地分布于湖北神农架、陕西秦岭以及四川与甘肃交界的岷山。川金丝猴以其上仰的鼻孔、艳丽的毛色闻名于世。

现在川金丝猴在中国的分布主要限于北亚热带，西起横断山北部，从白水地区进入甘南山地，东连秦岭南北坡，秦岭为其分布的最北限，湖北神农架则是它们分布的东限。川金丝猴种群在大的地理范围上，呈点状不连续分布，有形成地理隔离种群的趋势。比如，湖北的金丝猴群和陕西秦岭的金丝猴群分布完全不相邻。而且，四川、陕西、甘肃和湖北四处的川金丝猴现在已经在毛色上表现出明显的分化，以致有人把它们按照4个亚种来看待。对金丝猴的这种间断性分布状态的形成，据推测是由于青藏高原的隆起与地理环境的变迁所致，从而使得原本广泛分布于亚热带、暖温带的川金丝猴被迫退缩到目前的四川、陕西、甘肃、湖北四省，形成特有种。

黔金丝猴又名灰仰鼻猴、牛尾猴、线狨，体型略小于川金丝猴，脸部灰白或浅蓝，鼻眉脊浅蓝。吻鼻部略向下凹，不像川金丝猴那样肿胀。前额毛基金黄色，至后部逐渐变为灰白。背部灰褐，从肩部沿四肢外侧至手背和脚背渐变为黑色。肩窝有一白色块斑，肩毛长达16厘米。颈下、腋部及上肢内侧金黄色，尾基深灰色，至尾端为黑色或黄白色。幼体色淡，通体银灰。

黔金丝猴仅分布在贵州梵净山一地，约800只，是中国4种金丝猴中种群数量最少的。它们栖息在山地长绿阔叶林、山地长绿落叶阔叶混合林、山地落叶阔叶林，以植物的嫩叶、果实、花、树皮、树芽等为食。

缅甸金丝猴全身覆盖着茂密的黑毛，头顶有一撮细长而向前卷曲的黑色顶毛，耳部和颊部有小面积的白毛，面部皮肤呈淡粉色，下颏上有独特的白色胡须，会阴部为白色且容易分辨。缅甸金丝猴2010年才被野生动植物保护国际组织（FFI）发现和命名。2011年10月，中国专家也在云南高黎贡山自然保护区发现缅甸金丝猴，并建议将这个金丝猴新种的中文名定为"怒江金丝猴"。当前，缅甸金丝猴主要分布在云南高黎贡山的泸水和福贡以及相邻的缅甸的部分区域。

在灵长类动物中，金丝猴有很多独特的习性。这些隐秘的习性，随着科研人员坚韧不拔的追踪和常年的观测，渐渐被揭示出来。

金丝猴是叶食性灵长类动物。它们的主要食物是植物

缅甸金丝猴

的嫩茎叶，而树叶中的能量本身就少，有限的胃容量又制约着金丝猴的采食量。在漫长的进化中，它们的咀嚼齿、肠胃高度特化，以此适应了高纤维的叶子等食物。此外，它们还在日常活动中出现了更长久的坐立和午休，以便用打嗝的方式排出消化过程中产生的较多的发酵气体。猴群倾向于缓慢地移动，白天要进行午睡，以此来最大限度地降低体力消耗。这是它们长期生态适应的结果。

金丝猴一般上午和下午有两个取食高峰，中午有一个休息高峰，这可能是它们自身的食物特点、消化机理和周围环境温度共同作用的结果。对于昼行性的金丝猴来说，夜晚意味着一切活动的停止，上午和下午的取食高峰可能是为了最大量地摄取食物。中午长时间的休息既能在夏日躲避中午的高温，又能在寒冷的冬季更好地进行日光浴。

金丝猴是根据季节的变化来调整睡觉时间的。在寒冷的冬天，它们用于睡觉的时间明显长于其他季节，这可能与金丝猴冬季食物匮乏有关。为了减少能量消耗，维持能量抵御严寒，它们选择了延长休息时间的方式来解决这个问题。抱团睡觉是金丝猴夜晚睡觉的一个明显特征，通常成年雌性和少年个体、成年雌性和婴猴之间抱团睡觉。这种抱团睡觉行为，可能是成年雌性保护未成年个体晚上免遭天敌捕杀的一种策略。同时，成年雌性和婴猴之间的抱团睡觉，也能减少婴猴从过夜树上掉下来的危险。成年雄性"家长"是独自睡觉的，这能为它们提供空间上的优势，便于它们在夜晚更好地照顾和管理家庭中的个体。

金丝猴是群居的昼行性灵长类动物，猴群中没有猴王，但存在等级。低等级个体往往要给高等级个体理毛。等级指的是一种社会状态，一种个体之间的社会关系，而不是某一种行为。家庭之内，雄性个体的等级一般高于雌性个体，同龄当中雄性个体一般比雌性个体大得多，且更具有攻击性。雄性更富攻击性，这与雄性体内的雄性激素有较大的关系。成年的雄性个体等级主要受到年龄的影响，成熟前等级较低，成熟时等级较高，老年后的等级再次降低，等级趋势呈山丘形状。

金丝猴种群中义务与权力对等。等级高的主雄猴在交配季节为了维护自己的地位十分忙碌，没有时间进食，导致身体十分虚弱；又经常战斗，这样就使得许多等级较低的个体可以偷到交配的机会。等级低的个体可以通过屈服的行为得以待在等级较高的个体身边，进而得到食物以及交配的权利，在群体中还可以避免捕猎者的袭击。由于权力高度集中，在捕食和防御上，种群比个体更容易生存下去。当一个滇金丝猴种群进攻另一个种群的时候，几只猴子会协同攻击，分工明确。等级的制度致使这样的侵略更加具有攻击性。集体防御更是这样，有规划、有秩序的种群在大自然中会生活得更惬意。正是这种严密的等级制度，使得金丝猴种群能够在自然界不断延续下去。

2

复杂的
社会结构

孙悟空占据花果山，受到众猴拥戴，成为大名鼎鼎的美猴王。你可知，花果山里的猴儿是什么猴吗？《西游记》里提到的花果山位于江苏省云台山，根据动物分布地理看，花果山里的猴子可能为猕猴。猕猴中确实存在通俗意义上的猴王，不过它无法像孙大圣那样一呼百应。其实猕猴属于母系社会，高等级的雌性个体才是猴群的掌权者，它享受着各种特权，而雄性群中的老大，即所谓的猴王，虽然可以享受和高等级雌性交配的权利，但多数时候只能充当猴群的卫兵。

猕猴的社会只不过是非人灵长类动物万千社会的一个缩影。现实中，非人灵长类的社会结构丰富多彩，猴与猴之间的联系形成社会。凡是社会必有一定的组织和结构，否则就成了乌合之众。人类拥有的社会关系、婚配制度，在猴儿的世界中也都存在。反过来，猴群拥有的一些婚配制度，人类中却不存在。根据非人灵长类雄性和雌性个体独居或和多个异性居住的情况，它们的世界可以分为四种基本的社会组织：单配制、一雄多雌群、多雄多雌群和一雌多雄群。在非人灵长类中，真正意义上的猴王是很少存在的。猕猴的群体中虽然存在猴王，但那更多的是显示该雄性个体在力量上的强势，和在交配权、空间占有、食物资源等方面具有的相对优先权。猴王的宝座并不是一劳永逸，猴王会随时面

川金丝猴

临下位者的挑衅和挑战的威胁。和猕猴不同，金丝猴群中并没有整体猴群猴王的存在，那么，猴群是如何运转的呢？

金丝猴以家庭为单位进行活动，觅食和休息的时候每个家庭占据一块属于自己的地盘。猴群中各个小家庭虽然在同一块区域活动，每天"低头不见抬头见"，可是家庭之间彼此独立，并保持一定的距离。弄清楚猴群家庭之间的关系之后，就可以分析它们的社会结构了。

社群结构和婚配制度是建立社会的基础。在所有非人灵长类中，金丝猴所属的社会组织最为复杂。金丝猴是以"小家庭"为基础组成的大混合群，每个"小家庭"中只有一个成年雄性。金丝猴猴群是由多个单雄繁殖单元（One-male unit，OMU）和全雄群（All-male unit，AMU）组成的。多个单雄繁殖单元和全雄群共同组成了一个分队，多个分队组成一个猴群（或族系），整个猴群是一个重层社会。

那么，什么是重层社会呢？

在金丝猴的社会中，一雄多雌单元（俗称"小家庭"）是多层体系的基本单元。多个小家庭和一个全雄单元（或者多个）组成一个分队。分队中的小家庭既在一起休息、觅食、行动，又彼此保持一定界限。小家庭内的雌性后代成年后留在OMU内，而雄性后代接近性成熟时会离开，进入AMU中。这种基于小家庭的、由多个组织水平形成的社会模式被称作重层结构社会。该社会模式是灵长类社会系统进化中最为完善和高等的组织模式。只有狮尾

滇金丝猴小家庭/朱平芬　摄

狒狒（*Theropithecus gelada*）、埃及狒狒（*Papio hamadryas*）和金丝猴（*Rhinopithecus spp.*）少数几个物种中存在此种组织模式。

滇金丝猴是群居动物，猴与猴之间的联系形成猴群中的社会关系。它们的社会关系包括亲属之间的亲缘联系、家庭成员之间的联系以及和群内其他个体的联系。"有关系"自然存在亲疏远近，人类中有"血浓于水"的说法，非人灵长类中也存在这种现象。亲缘关系在非人灵长类社会关系中扮演着重要角色，亲缘关系近的个体更容易形成友好关系和建立合作行为，较少产生冲突。亲缘关系主要包括母系关系和父系关系。其中，母系关系中母亲和子女的关系最强，一直维持到成年以后，利于形成社会纽带。个体之间也会形成长期稳定的关系纽带，称为社会纽带。社会纽带，即稳定、平衡和牢固的友好社会关系。

在非人灵长类中，很多研究已经证明了个体间形成紧密的纽带关系是一种适应性进化策略。通俗点说，"打仗亲兄弟，上阵父子兵"，具有紧密纽带的两个个体在遇到冲突时会相互支持。从更长远的利益看，同性间或异性间的社会纽带关系可以影响个体的繁殖策略，提高后代存活率，减少死亡风险和延长生命。比如，在豚尾狒狒（*Papio ursinus*）中，具有紧密而稳定友好关系的雌性个体的繁殖寿命是那些关系松散的雌性的两倍。

3

没有猴王的
猴群

　　封建社会存在严格的社会等级，讲究
"父子有亲，君臣有义，夫妇有别，长幼有
序，朋友有信"。金丝猴群中虽然不存在猴
王，却存在等级。等级的存在是为了平衡猴
群内部的矛盾。猴群中没有金钱的往来，日
常生活中它们的矛盾之一就是对于食物资源
的竞争。如果在食物丰富的地方觅食，就可
以用最少的能量消耗，获得最大的食物收入；
反过来，如果在食物贫瘠的地方觅食，消耗
的能量多，但获得的食物收入少，严重的情
况就会入不敷出。可是自然界中食物资源的
分布是不均衡的，猴群中每只猴都想去食物
资源丰富的地方，少有猴子心甘情愿去食物
匮乏的地方觅食。那么，如何协调呢？如果

天天为了食物而打得不可开交，那猴儿们都不用生活了。在长期的适应进化中，等级结构就是对资源分配进行调节，减少猴子之间冲突的一种机制。这在非人灵长类等群居动物中是普遍存在的。比如，高等级的个体通过支配等级低的个体，独自占有食物资源丰富的地区，这样就可减少因每次竞争带来的能量消耗。

人类等级社会存在"朱门酒肉臭，路有冻死骨"的现象。你看，金丝猴群高等级的个体带着它的家人，在食物最丰富的冷杉树下觅食，连那些全雄单元里的猴子们都要避让，这就是等级的体现。

滇金丝猴小家庭/朱平芬　摄

金丝猴群的竞争不同情弱小，猴子家庭等级的排序得靠实力说话，这个时候最能彰显主雄猴的地位。金丝猴群是尊卑有序的，主雄猴威风凛凛，统率家庭。所谓"男要选对行，女要嫁对郎"，跟着有权利、地位高的主雄猴，整个家庭就可以享受最好的食物资源。当它们的家庭大快朵颐时，其他家庭的猴子只能站在一旁眼巴巴地瞧着，尽管垂涎欲滴，也不敢说一个"不"字。这就是主雄猴之间的等级。主雄猴的等级地位决定其家庭的地位。一旦等级确立，各个家庭都要遵守这个约定俗成的规定，即高等级主雄猴可以带着它的家庭到最好的地方觅食，到最安全的地方休息。而低等级的主雄猴只能屈服、回避。除非，有哪个主雄猴站出来，挑战这个规则。

等级是如何建立的呢？在人类封建社会中，存在世袭罔替，封妻荫子，出生就决定等级，即所谓的龙生龙，凤生凤。在猕猴中，也存在等级遗传现象，高等级的个体生的后代等级也高。那么，金丝猴等级的制度是如何建立的呢？

动物学家采用了许多行为指标来研究非人灵长类社群内的等级关系。如，猴群中不同个体对食物、水等利用的优先权，趋近-退缩和回避行为，理毛行为，同性爬跨行为，姿势和步态，交配等等。目前，学术界广泛接受的判断等级优劣的标准是，当一个个体在竞争性交往中获胜的次数大于另一个个体时，前者就被称为优势个体，后者被称为劣势个体。

滇金丝猴/朱平芬 摄

食物和交配权可促使金丝猴群个体之间发生激烈的竞争，最后迫使个体间形成暂时稳定的社会关系。早期的等级关系虽然是通过个体间反复的争夺建立起来的，但当等级确立以后，个体间的高强度攻击行为就鲜有发生，取而代之的是相对较弱的仪式化进攻。所谓的仪式化进攻类似于人类中的比赛，点到为止。小家庭里的主雄猴是竞争的核心，它在猴群中的顺位代表家庭的地位。主雄猴凭借打斗决定自己在猴群中的等级。等级不仅控制着社会性动物的社会交往活动模式，也决定着它们的各项生活形式：何时休息或移动、在哪里休息、移动地点、取食以及繁殖情况等。所以等级在社会性动物的生活中有着重要的作用。等级关系是动物在一起长期适应的结果，因为它不仅有利于保持种群的稳定，避免个体之间的战斗和伤亡的扩大化，而且也能使幼弱者得到群体的保护。

王侯将相宁有种乎？金丝猴个体之间的等级也不是一直不变的。有些时候等级低的个体产生僭越之心，会挑战高等级的个体。获胜后就可以提高自己的等级，失败了就得屈服。很多时候，等级的确立需要反复争夺。那些高等级的个体可能会随着衰老、身体状况变差、疾病缠身等丧失高等级地位，此时，那些年富力强的雄猴们就会趁机取而代之。

4

光棍猴
组成的家庭

在金丝猴猴群中，除了各个小家庭之外，还存在一个全部由雄猴组成的群体，专业上称其为全雄单元，俗称光棍群。它们是猴群中一个独特的存在，虽然平日里和各个小家庭在同一块区域活动，可是它们之间的关系却非常微妙。拥有家庭的主雄猴时刻提防着全雄单元的猴子，一旦它们靠近就进行驱赶。因此，全雄单元的猴子只得分散活跃在猴群的外围。"我住密林外，君住密林里。日日思君不见君，共食长松萝。松萝几时休？此恨何时已？"这便是日常生活中，全雄单元光棍猴们的真实写照。

对于整个大的猴群而言，全雄单元的存在并非多余，它们和各个小家庭既相互独立，又存在联系，是群体中不可或缺的组成部分。观察、研究金丝猴群中的全雄单元，可以更进一步探讨全雄单元与其他小家庭之间的关系，进而可以更加深入了解金丝猴群里一些不为人知的秘密。全雄单元的成员关系比较松散，各成员活跃在各个家庭的周围，它们全部由单身的雄猴组成。这个群体的猴子都是有故事的。

全雄单元中猴子的年龄跨度非常大，主要由三部分构成。其一是遭到家庭驱赶的青年猴。在金丝猴的世界里，

川金丝猴

全雄单元/朱平芬　摄

青年猴一般在3岁左右要被赶出家庭，独自生存。被赶出的青年猴们就生活在全雄单元里。虽然离开了家庭，但这些青年猴并不寂寞，这里有许多年龄相仿的小伙伴们一起玩耍。其二是那些曾经的主雄猴被别的猴子抢走了家庭后流落到全雄单元。其三是一些年轻力壮的单身汉，岁数多在7～10岁。它们早已性成熟，到了娶老婆的年龄，只是暂时还没有找到对象，现处于单身状态。这些年轻力壮的单身汉们对猴群里的各个小家庭虎视眈眈，对那些小母猴们爱慕良久，只是惧怕主雄猴的威严，现在还不敢胡来。怕是等到恋爱的季节，这些成年的单身汉们就会按捺不住思慕之心。

5

金丝猴
的日常活动

为了更好地认识金丝猴的社会，我们需要区分不同年龄段的猴子，为了更详细地展示它们的特征，此处列个表来区分它们的特征（表1）。

表1　不同年龄段滇金丝猴的特征

年龄段	特征
成年雄猴	猴群中体型最大的个体（比成年雌性大1.5倍左右）
成年雌猴	身长约为成年雄性的1/3到1/2
亚成年雄猴	体型小于成年雄猴，通常与其他没有配偶的雄性个体一起在全雄群中活动
亚成年雌猴	体型小于成年雌猴，年龄约为3～4岁，乳头不明显，已出现邀配行为
青年猴	雄性体型较成年雌性稍小，亚成体雌性体型与青少年雄性相当
少年猴	1～2岁，体型较小，偶尔与婴猴玩耍
婴猴	1岁龄以内的小猴

成年雌性

亚成年雌性

朱平芬　摄

成年雄性

亚成年雄性

朱平芬 摄

　　为了更好地认识这里的猴子，我们研究组（中国科学院动物研究所灵长类研究组）从 2008 年开始研究金丝猴。如何深入研究金丝猴呢？你又不是猴儿，如何知道猴儿的想法？人类有见微知著，察言观色，"夫取猴之术，也在于观其言而察其行"。因此，为了解猴儿，我们必须观察它们的行为特征。非人灵长类动物在长期的演化过程中，为适应各自独特的生活环境，形成了各自典型的行为。要想量化它们的行为，就得有一套行为范式。依据对动物行为的辨识与分类而编制成的行为目录称为"行为谱"。行为谱的编制与研究是深入研究金丝猴行为的基础。

　　不同种类的动物有着自己独特的行为，进行行为研究我们首先要熟悉金丝猴都有哪些行为。即便对待同样的行为，不同的人有不同的理解和描述。比如，你看着这猴儿在打闹，他看着像是玩耍，如果各说各的，岂不乱套。因此，为了能够准确客观记录描述猴儿的各种行为，就需要建立一定的行为准则，这就需要建立金丝猴的行为谱。所谓的行为谱是在理解动物行为的生态学功能的基础之上，对动物行为进行辨别和分类。翻译成大白话就是，猴儿都有哪些行为，每种行为都有哪些表现形式。

　　如何建立金丝猴的行为谱呢？

　　说起来容易做起来难。在野外研究、观察金丝猴会受到多种因素干扰，情况复杂而不稳定。因此我们根据实际需要，不得不采用多种行为观察和记录方法，以尽可能详细地记录观察中发现的情况，采用的观察方法主要有焦点动物取样法和全事件记录法。

焦点动物取样法：在一定的时间间隔内，选取某一个个体，或者某几个个体（通常属于同一家庭）作为焦点动物，对其进行连续观察，记录这段时间内焦点动物所表现出的所有行为（包括行为的发生时间、结束时间、行为的类型、行为的结果等）。大白话就是，选择一只或者几只猴子盯着看，并且记下它们干的一切事情。该方法是目前行为学研究中最重要的方法之一。

全事件取样法：对于特定的事件，记录其发生的时间、结束的时间、参与事件的个体、事件进行的全过程以及具体细节等。简单地说就是，看见猴子在做一件事情，比如吃饭，我们记录的整个吃饭过程，就是一个事件。全事件记录法通常用于记录一些随机发生的特殊行为，如交配、打斗、杀婴、主雄替换等。

在实际操作中，经常将焦点动物取样法和全事件记录法结合使用，灵活切换，并尽量详细地记录特殊事件的各种细节。为了制定金丝猴行为谱，需要对其行为进行规范和系统编码。所谓的规范和系统编码，就是根据一定的标准来定义动物的行为，否则你说你的，我说我的，金丝猴同一种行为被解释成了不同的含义，那就无从研究了。

研究中，以滇金丝猴为例观察记录到了其143种行为，依据行为的生态功能，将这143种行为划分为摄食、排遗、调温、配对、交配、育幼、高序位、威胁、攻击、屈服、友谊、亲密、聚群、通讯、休息、运动、取代、冲突、理毛和其他等。这里简单介绍一下滇金丝猴主要的行为特征（表2）。

表2 滇金丝猴行为谱节选

行为	描述
摄食行为	指采食植物(包括植物的根、茎、叶、花、果实等)、昆虫等以及饮水、摄取矿物质、幼体吮乳等行为。对比我们人类的行为就是吃饭。
排遗行为	金丝猴在食物消化后排出粪便、尿液及应对紧急情况时所发生的排尿等行为。
调温行为	金丝猴为维持机体恒温,对外界环境温度所做出的适应性行为,包括在树枝上坐息、趴息、躺息等。这个描述可能有些拗口,举个人类的例子就是,天热了你可能找个阴凉的地方待着,天冷了到太阳底下来晒晒阳光。
配对行为	指成年金丝猴在交配过程中所发生的一系列维持性伙伴关系的行为。
育幼行为	指成年雌性个体在其幼体未能独立生活时所表现出来的哺育行为。在人类的世界就是如何照顾宝宝。
高序位行为	指金丝猴家庭单元内,地位高的个体向地位低的个体所表现出来的行为,或者是应对其他外来雄性的挑衅所表现出来的行为。
威胁行为	指金丝猴个体与个体之间发生冲突时所呈现出来的行为,如:瞪眼、对瞪、击地等。
攻击行为	指金丝猴成年个体或少年个体之间发生冲突后表现出来比较激烈的竞争行为。

续表2

行为	描述
屈服行为	指金丝猴个体受到威胁时或被打败后表现出来的一系列行为,如回避、逃走、蜷缩等。
友谊行为	指不同个体之间在一起表现出来亲昵友好的行为。
聚群行为	指群内个体聚集在一起所表现出的相互联系、相互影响的行为。
通讯行为	指群内、外个体之间传递信息的行为。
休息行为	指金丝猴在环境中维持一定的姿势或身体所处状态在一定时间内不发生改变的行为,常呈现为机体放松状态。
运动行为	指金丝猴通过四肢的交错活动来完成身体位移的行为。
取代行为	个体将原来占有优势资源的个体赶走并取而代之,或是其他个体在被趋近后的3秒内,主动让出原占有的资源,有些取代行为可能伴随有声音威胁或抓、推、拉动作。
冲突行为	发生在雄性之间的争斗,只要有各种肢体接触如咬、抓打、按住即记录为冲突。
理毛行为	理毛者坐在被理毛者身旁,双手分开其毛发,不时用食指扣划毛发裸露之处,目光紧随手的活动位置,嘴唇不时微微一张一合,双唇触碰发出吧嗒声,有时还用嘴触碰毛发,清理异物。

猴票

　　制定了金丝猴行为谱之后，我们就参照这个标准记录它们每天的行为。用专业的词汇解读这叫动物行为（活动）时间分配，就是动物根据自己的需要把时间合理分配到各种活动中的现象。简单说就是动物每天花多少时间取食、休息、运动等。

　　为何要去记录、统计金丝猴的活动时间分配呢？

　　这是因为活动时间分配直接关系到动物的生存策略，是动物行为学研究的重要方面。想要了解动物的行为与生态环境之间的关系，必须了解动物的活动时间分配。另外，动物群体中个体行为的细微差别也常常表现在它们的活动时间分配中。通过研究不同生态条件下动物的活动时间分配，可以探讨环境对动物行为的影响以及它们所采取的行为策略。

贰

Spirit

of

the

Forest

滇金丝猴：生存海拔最高的猴

1

滇金丝猴
在哪里

在中国的云南西北与西藏南部的交界处，澜沧江和金沙江夹着的一块狭长区域里，生活着一群美丽的精灵。它们有两瓣美丽的红唇，鼻孔仰起，一身黑白色镶嵌的皮毛，一双又圆又大的眼睛，格外灵动，头顶一撮黑色发冠，甚为独特，这便是滇金丝猴。滇金丝猴又名黑白仰鼻猴，隶属于灵长目（Primates），猴科（Cercopithecidae），疣猴亚科（Colobinae），仰鼻猴属（亦称作金丝猴属）（*Rhinopithecus* spp.）。生活在猴群周边的傈僳族人把滇金丝猴称为"穿白短裤的猴子"，并认其为自己的祖先。

1890年，两名法国人索利（R. P. Soulie）和彼尔特（Monseigneur Biet）在云南省德钦县境内购买了7只滇金丝猴，并将其头骨和皮毛带到巴黎博物馆。1897年，法国动物学家米勒·爱德华兹（Milne-Edwards）根据这些标本，首次对滇金丝猴进行科学描述，将其正式命名为"*Rhinopithecus bieti*"。滇金丝猴的种名Bieti是其标本的采集人法国传教士"Monseigneur Biet"的姓，这是国际动物命名法的法则，以示纪念。除了中文名、拉丁文名外，滇金丝猴还有其英文名"Black-and-white snub-nosed monkey"（黑白仰鼻猴）。

滇金丝猴

滇金丝猴被正式命名后就没有更多的资料公开了。20世纪60年代末期，灵长类专家大多认为滇金丝猴已经灭绝了。20世纪50—80年代，中国还没有严格管控猎枪，滇金丝猴猴群附近的村庄几乎每家每户都有一个猎人，山里的野生动物都是他们猎杀的对象，滇金丝猴自然也不例外。

为了解滇金丝猴面临的生存问题，中科院昆明动物所的研究者们深入一线开展调查。李致祥先生和马世来先生就是早期在野外调查滇金丝猴的中国学者。白寿昌先生曾于1985年深入一线，在云南省德钦县霞若乡作调查。他走

滇金丝猴/朱平芬　摄

访猎人，统计他们捕杀滇金丝猴的情况，调查结果触目惊心。20世纪70年代德钦县霞若乡辖区滇金丝猴尚存千余只，到了1985年该地已不足200只。捕猎是造成滇金丝猴数量急剧下降的主要原因。那个时期的滇金丝猴还没有被列为保护动物。在当地老百姓眼中，滇金丝猴就是一种普通的自然资源，和其他的动物植物没有什么区别，猎杀是再正常不过的事情。

当地居民猎杀滇金丝猴大多是为了交易。外地商人发现有机可乘，大举收购被猎杀的滇金丝猴，造成其交易的价格一路飙升。收购价格的上涨反过来又大大刺激了捕猎之风。按照1985年的行情，一只猴子可以卖到60多元，能买240斤面粉。

此外，当地人听信滇金丝猴骨是治疗风湿病的特效药，抢购之风越演越烈，滇金丝猴种群命悬一线。面对猎人的围剿，只有那些最机灵的猴子，躲到深山密林人类无法到达的区域才幸免于难。比如，栖息在澜沧江边陡峭的吾牙普牙的猴群，还有那些栖息于西藏小昌都地区的猴群。

2

滇金丝猴
的作息

为了较为系统地掌握滇金丝猴的活动规律，西华师范大学的黎大勇教授于2008年6月到2009年5月观察、记录了响古箐猴群的行为活动，研究期间共观察取样1609个小时。通过黎教授的观察研究，猴群的活动规律一目了然。

《易经》有云："君子以向晦入宴息。"《黄帝内经》亦有云："起居有时，作息有常，饮食有节。"研究发现，滇金丝猴每天的活动也是很有规律的。响古箐的滇金丝猴群每天上午和下午各有一个取食高峰（上午7：00～11：00，下午4：00～6：00），中午准时午休（12：00～14：00），雷打不动，风吹不摇。上午、下午的取食高峰可以最大限度地摄取食物。中午午休有利于更好地消化上午取食的大量纤维素。和其他疣猴相比，滇金丝猴白天午休的时间要少得多。

四季有轮回，春生夏长秋收冬藏，而滇金丝猴的活动在不同的季节也不相同。

春季，滇金丝猴为了取食嫩叶往往要奔波于不同海拔的区域之间，因此花费在移动上的时间较多。

夏季，滇金丝猴用于移动的时间最多。这是因为夏季滇金丝猴的主要食物——竹笋，生长速度快，在竹林分布不均匀，滇金丝猴需要来回移动来寻找，因此花费在移动上的时间最多。

秋季，滇金丝猴用于如理毛、游戏上的时间高于其他季节。这主要是因为秋季食物充足，滇金丝猴可以很容易取食那些高能量的果实，减少了取食时间，从而增加了从事其他类型活动的时间。由于秋季食物充足，能量高，滇金丝猴用于取食的时间相比其他季节最少。

冬季，滇金丝猴白天花在取食和休息上的时间最多。这是因为冬季响古箐滇金丝猴食物匮乏，要用更多的时间取食，同时需要增加休息时间来节约能量消耗。为了应对冬季严寒，滇金丝猴减少了移动时间，将能量的消耗降到最低。

3

丰富的食谱

猴以食为天，对灵长类动物进行食性研究可以反映动物对食物资源的需求和对生存环境的适应性。此外，与食性相关的多种因素，比如，食物的营养状况、空间和时间的分布、可获得性等，都可能影响到灵长类动物的社会组织和社会结构。

为了观察猴群的食谱，黎大勇教授从2008年6月到2009年5月，在响古箐地区每个月观察10天，记录猴群的取食种类。研究期间，他共记录到滇金丝猴取食的食物涉及42个科，共计105种植物的188个不同部位（包括真菌类9种）。另外，他还观察到，滇金丝猴取食了2种鸟，2种鸟蛋，1种鼯鼠还有多种昆虫，并且发现它们有食土现象。

　　人类中有许多吃货，总喜欢尝试不同的食物，不过和滇金丝猴比起来那可就"小巫见大巫了"。不同季节，滇金丝猴的食物组成也不同。春季滇金丝猴群主要取食植物的嫩叶，夏季取食竹笋和植物的老叶子，秋季取食植物的果实，冬季啃食树皮、松萝。

　　总体上看，滇金丝猴全年用一半的时间取食松萝。这是因为，松萝是一种分布广泛、能量较高，且全年能够获取的食物资源。尤其是在其他食物资源匮乏时，松萝就成为滇金丝猴的必选食物。但是，当滇金丝猴能够取食大量竹笋和其他植物的叶、果实时，它们会减少松萝的摄入量。滇金丝猴多样性的食物选择，能够在一定程度上解决它们营养均衡的问题。

吃树叶/朱平芬　摄

人们都有自己喜欢的食物，滇金丝猴也不例外。虽然响古箐的滇金丝猴食谱丰富，取食的食物种类高达100多种，但是滇金丝猴尤其喜欢取食合腺樱、花楸、吴茱萸五加、短梗稠李等落叶阔叶树种。此外，竹笋也是响古箐滇金丝猴夏季的一种重要食物，夏季它们用于取食竹笋的时间达到26.1%。

滇金丝猴吃那么多植物的枝叶，如何消化呢？

在长期的进化过程中，滇金丝猴形成了相对独特的消化结构，拥有囊状胃、高冠的双脊白齿、富含脯氨酸的唾液。它们胃内拥有可分解纤维素的微生物菌群。这样的生理构造使得它们具备更强的消化植物叶片的能力，它们因此也被称为"叶食者"。

除了这些常规的食物外，滇金丝猴偶尔也"开开荤"。2008年11月30日，中科院动物研究所副研究员任保平博士和西华师范大学黎大勇教授在野外第一次观察到全雄单元内的滇金丝猴协作捕杀红嘴蓝鹊，随后又和雌猴分享鸟肉的现象。可见，滇金丝猴有能力捕杀小动物扩大食物来源。

为什么只看到全雄单元内的个体捕杀活鸟呢？

　　可能有三个方面的原因：一是全雄单元群体多在猴群的边缘活动，有更多的机会接近猎物；二是全雄单元中的个体更加强壮，有着更为锋利的牙齿，更容易捕杀活体；三是全雄单元中个体之间的社会联系较为简单，易于形成捕杀联盟。到目前为止，并未发现家庭单元中的雄猴捕杀活鸟。这可能是雄性"家长"在忙于巩固自己的家庭地位，没有更多的精力捕杀活体猎物。

滇金丝猴婴猴/夏万才　摄

更为奇特的是，滇金丝猴竟然也吃土。

其实吃土并不是滇金丝猴的专利，疣猴类动物普遍存在食土现象，如黑白疣猴、黑冠叶猴、若氏疣猴、长尾叶猴、戴帽叶猴、红疣猴等。非人灵长类的食土行为，一般有以下几种解释。其一，获取土壤中的盐分。植食性动物为满足对盐的需求，通常需要从周围环境中补充盐分。其二，解毒作用。取食的泥土能吸收包括酚类和次生代谢物在内的一些有毒物质。据报道，坦桑尼亚桑给巴尔岛上的红叶猴取食木炭，就可能与解毒有关。其三，摄取矿物质，如钙、钾、镁。其四，调节前胃胃液的pH值。取食的泥土有助于吸收有机物质，如脂肪酸，来防止胃液过度酸化而影响微生物的发酵过程。

4

贪吃的雌猴

　　人类的行为男女有别，老少各异，在滇金丝猴中也是如此。为了区分不同年龄段猴子的行为，我们将滇金丝猴划分为成年雄性、成年雌性、少年猴和婴幼猴4个组。研究发现滇金丝猴年龄、性别不同行为不同。

　　成年雌性花费在"吃"上的时间最长（44.8%），而婴幼猴群体花费在"吃"上的时间最少（14.2%），成年雌性比成年雄性花费更多的时间取食。这是因为婴幼猴第一年以吮吸母乳为主，用在吃上的时间较少，成年雌猴需要带娃和哺乳，需要消耗更多的能量，因此花在吃上的时间比成年雄猴多。

　　奇怪的是，少年猴的取食时间与成年雄性猴差不多。少年猴个头小，消耗的能量也

吃地衣/朱平芬　摄

吃树皮/朱平芬　摄

少，按说用来觅食的时间要比成年猴少。究其原因，这是由于群体内部的等级地位引起的。成年雄猴等级地位优于少年猴，因此可以抢占最好的食物资源，觅食效率大大提高；反观，少年猴只能取食质量较差的食物资源，这需要花费更长的时间取食。

婴幼猴每天的睡眠时间最长，成年雄猴休息的时间最少。成年雄猴除取食、移动和休息外，在争夺地位、保护家庭成员稳定、防御天敌上需要花费更多的时间。野外观察过程中，我们经常观察到雄性之间为争夺家长地位、食物资源和过夜树而发生冲突。

吃竹子/朱平芬　摄

人类饮食存在地域差异，猴群也是这样。不同地区的滇金丝猴有着各不相同的食谱。比如，西藏吾牙普牙的滇金丝猴的主食是松萝，取食其他的食物种类相对较少。这是因为吾牙普牙所在的地区一年之中有6个月左右被积雪覆盖，植被类型相对单一。反观，云南龙马山滇金丝猴的食谱就相对比较丰富，包括4种竹笋和54种植物的果实、种子。

滇金丝猴的分布区，海拔从北往南逐渐降低。越往南植被类型越丰富多样，猴群用于取食的时间逐渐减少。有几个方面的原因可以解释这一变化。

首先，总的来说越往北猴群的食物种类越匮乏、单一。北部的小昌都猴群可供取食的食物种类为22种，而在南部富合山附近的龙马山猴群取食的植物种类达到97种。自北向南，猴群的食谱在不断拓宽。

其次，温度也是造成这种差异的重要因素。我们知道动物的能量消耗中有相当一部用于维持体温，这就意味着生活在寒冷地区的猴群需要更多的能量来维持体温，自然需要更多食物来补充能量。小昌都猴群所在地的年平均温度为4.7℃，而南部富合山的平均温度为12.1℃。可见，北部猴群生活的环境温度要低于南部，因此它们需要花费更多的时间取食，补充能量，维持体温。

一般情况下，猴群的取食和移动是两个相互关联的行为。它们不可能饭来张口，要想取食就必须不停地移动。按说，不同地区的猴群花费在移动过程中的时间应该和取食的时间一致，然而事实并非如此。在响古箐，滇金丝猴群的食物存在季节变化，且食物资源多呈"斑块"状分布。为了获取高质量的食物，它们必须在各个食物斑块间来回穿梭。虽然响古箐猴群总体取食时间比小昌都猴群少，但是花费在路上（移动上）的时间较多。与此相比，小昌都猴群虽然可获取的食物不如响古箐猴群丰富，用在取食上的时间也长，但是花费在移动上的时间并没有随之增加。这主要是因为小昌都地区松萝分布广泛，猴群减少了花在路上的时间。

总的来说，金丝猴的活动时间分配与家族内其他疣猴不太一样。川金丝猴、滇金丝猴、黔金丝猴更多的时间放在"吃"上，它们平均花费35%的时间取食，高于其他疣猴（27%）。其他疣猴将大部分时间用于"睡"，取食、移动的时间只占很小的比例。这种时间分配方式可能与它们的食性特点有关。非洲疣猴主要以食叶为主，它们需要在取食后花大量的时间休息，用以消化食物中的纤维素。同非洲疣猴一样，生活在我国广西的白头叶猴也表现出了同样的活动时间分配模式。在它们的时间分配中，用于休息的时间达到52%，而取食的时间却低得多。虽然滇金丝猴的食谱也主要以植物为主，但是它偏好选择纤维素含量低的食物种类，不用花费太多的时间消化。这可能是它们用于休息的时间少于其他疣猴的原因。此外，大多数疣猴生活于热带雨林，很多地方没有明显的季节之分，全年都有丰富的树叶供它们采摘，因此只要花费少许的时间就能找到足够的食物。而滇金丝猴生活在高海拔的山地，食物种类在季节间存在很大的差异，因此需要更多时间来取食。

5

选择夜宿地

相比于对滇金丝猴白天行为的研究，有关猴群夜宿行为的研究相对滞后了许多。为了观察研究滇金丝猴群夜宿行为，中南林业科技大学的向左甫博士从2002年11月到2005年4月在小昌都地区记录了猴群对于过夜地和过夜树的选择。

小昌都位于西藏地区，是滇金丝猴分布的北缘，那里90%的地方暗针叶林和常绿阔叶林镶嵌分布。林子这么大，无法24小时跟踪猴群，如何知道滇金丝猴在哪过夜呢？通常猴群会在过夜树下留有大量的粪便颗粒，可以通过树下粪便颗粒的多少确定有多少只猴在此过夜。向左甫博士研究期间发现猴群很少在一个地方长时间过夜，它们倾向于睡两天换一个地方。

　　猴群对过夜地的选择是有讲究的，它们喜欢在阳坡背风的山谷中过夜。这个很好理解，猴群活动的地区，山高地寒，昼夜温差大，猴群为了晚上保暖，自然倾向于选择在避风的谷底休息。

　　猴群不仅对过夜地讲究，对于过夜地里过夜树的选择也格外谨慎。小昌都猴群喜好在原始针叶林中过夜，避免在落叶松灌丛和常绿硬叶阔叶林中过夜。向左甫博士测量了过夜地中的784棵树，其中冷杉329棵，云杉8棵，他发现猴群喜欢选择在那些高大、底枝长、层数多的树上过夜，而原始林中有很多这样的树木，所以猴群多选择在那里过夜。

休息/朱平芬　摄

　　灵长类动物在什么地方过夜会受到多种因素影响。向左甫博士认为小昌都猴群对过夜地及过夜树的选择可能受到捕食、温度和能量开支的制约。

　　滇金丝猴群会谨慎地选择过夜树。为了避免被捕食，滇金丝猴群要尽量降低被天敌发现的可能性，一种方式是使天敌难以靠近和捕捉，另一种方式是行动隐蔽。小昌都猴群通常会选择那些高大、底枝离地面较高、树冠层数多的过夜树。在这样的树上过夜比较安全，因为捕食者难以攀爬和接近。即使捕食者接近猴群，

休息/朱平芬　摄

猴群也可以利用茂密、彼此相连的树冠逃生。猴群选择过夜树还必须面对另一个问题——恶劣的天气。睡在浓密的树冠除了可以帮助猴群躲避天敌外，还可以避免风雨的侵袭。小昌都猴群选择背风的过夜地，一方面利于调节体温，另一方面还可以防止因树木摇摆从树上掉下来。

　　一般情况下，猴群进入过夜地都是隐蔽和安静的，这使潜在的天敌难以跟踪和发现。可是，向左甫博士观察发现小昌都猴群从进入过夜地到完全安静需要 1.73 个小时。这么长的时间，极易引起天敌的注意。更为不可思议的是，进入过夜地后猴群内部还会有严重的打架现象。这和南边猴群进入过夜地的方式明显不一样。难道这里的猴子都不爱惜自己的猴命吗？

有几个原因可以解释这一现象。第一，小昌都附近猴群的天敌比较少，面临的捕食压力不大。它们的空中天敌，如金雕、苍鹰等猛禽类都是白天活动，晚上休息，不会夜袭猴群。地面上的食肉动物种类少，且晚上也不容易爬上高高的过夜树。第二，这里原始针叶林面积大，相连成片，即使天敌发现，它们也能够从树上逃走。第三，小昌都猴群生活的区域食物质量不高，相比其他的猴群，它们每天要花费更多的时间来觅食，这样一来白天用来社交活动的时间势必减少，白天未完成的事情只有晚上来做。这就是为何猴群进入过夜地还要花费近两个小时才睡觉的原因。

6

抱团睡觉

向左甫博士研究了滇金丝猴晚上在哪儿
睡觉，但是猴群晚上怎么睡，什么时间睡，
是单独睡还是抱在一起睡呢？对滇金丝猴夜
宿行为的研究，有助于人类更好地了解和认
识这一濒危灵长类动物，弥补白天无法收集
到的信息，从而更为全面地了解灵长类动物
的社会行为，并对它们实施长期有效的保护。
于是，从2008年6月到2009年5月，黎大勇
教授开始研究猴群是怎么睡觉的。

黎大勇教授在研究期间共记录到60次响
古箐猴群的睡前行为。整个研究过程中，猴
群的平均入睡时间为20.2分钟，这要比小昌
都那群猴子睡得快。猴群是一个集体行动步
调高度统一的物种，进入夜宿地有着明显的

顺序。为了在夜晚更好地保护幼体不受伤害，家庭中带婴猴的成年雌性通常最先进入过夜地，家庭中的主雄猴负责殿后。在这个过程中，经常能够听到少年猴和婴猴为寻找舒适的过夜树而发出的吵闹声，还有主雄猴之间的打斗声。

人有"春困秋乏夏打盹"之说，滇金丝猴的睡眠同样因季节而异。人类成年人的健康睡眠时间为7～8小时，相比之下，滇金丝猴就贪睡多了。猴群的睡觉时间平均为11.5个小时。不同季节，猴群的睡眠时长也不相同。春季，滇金丝猴的睡眠时间为11个小时；夏季的睡眠时间最短为10.1个小时；秋季的睡眠时间为12个小时；冬季的睡眠时间最长，达到13个小时。气候条件也会影响滇金丝猴晚上的睡眠时间。研究发现，2009年2月在没有下雪的天气条件下，滇金丝猴的睡眠时间为12.7个小时。下雪时滇金丝猴的睡眠时间达到了15.1个小时。

看来，响古箐的滇金丝猴也会根据季节的变化调整它们的睡眠时间。在寒冷的冬天，它们用于睡眠的时间明显长于其他季节。这主要是因为，冬季食物匮乏，为了减少能量的消耗，抵御严寒，它们选择了延长休息时间的方式来平衡能量收支。同时，晚上睡眠时间的季节性变化，也反映了滇金丝猴可以根据昼长的变化改变生活节奏。

人类因为种种原因，比如加班、应酬、周末娱乐等都会影响晚上的休息。相比而言，滇金丝猴的生活要规律得多。它们是一种典型的昼行性灵长类动物，白天活动，晚上准时休息，即便是天气原因也很难影响到它们的休息时间。许多灵长类动物出于安全、舒适和其他一些因素的考虑，如果遇上恶劣的天气条件（暴风雨、暴雪等），进入过夜地的时间可能会延迟。然而研究发现，滇金丝猴的睡眠并不会因为天气而发生多大改变。这是因为一个滇金丝猴群通常有多个夜宿地，这些夜宿地可能分布于家域中的任何位置，恶劣的天气条件并不能阻止响古箐的滇金丝猴成功到达夜宿地，因此它们晚上的睡眠时间并没有缩短。同时研究发现，猴群为了减少极端天气可能带来的伤害，它们会在一个夜宿地待更长的时间等待天气好转。

睡觉的时候，滇金丝猴分为单独睡觉和抱团睡觉两种形式。黎大勇教授共记录到滇金丝猴单独睡觉102次，抱团

睡觉/朱平芬　摄

睡觉480次。冬季单独睡觉的个体最少，夏季单独睡觉的个体最多。在记录的102次单独睡觉的个体中，91次单独睡觉的个体为家庭单元中的主雄猴，6次为成年雌性，其他5次单独睡觉的个体为少年猴。整个研究阶段，未发现单独睡觉的婴幼猴个体。滇金丝猴群家庭单元中的成年雄性"家长"是单独睡觉的主体，这与所报道的印度帽猴的情况一致。初步认为，滇金丝猴群家庭单元中，单独睡觉能为主雄猴提供更大的空间，同时也便于它们在夜晚更好地照顾和管理家庭。

此外，黎大勇教授共记录了480次滇金丝猴夜晚抱团睡觉，平均2.38个个体抱在一起睡。抱团睡觉的规模因季节

打盹/朱平芬　摄

而异。冬季滇金丝猴抱团的规模最大，达到3.05个，秋季猴群睡觉抱团的规模为2.13个，与夏季的抱团规模2.19个接近。人类中夫妻多在一起睡觉，那么猴群中哪些猴子会抱在一起睡觉呢？据观察，雌猴间抱团休息是最为常见的一种类型，共记录到127次这种类型的抱团；母猴和婴猴之间的抱团也很多，记录的数量达到75次；同一年龄段的少年猴也经常抱在一起睡觉，记录到了67次；有时也会发现家庭中的所有个体都会抱在一起过夜，这种行为共发现了16次。

滇金丝猴为何会出现这种抱团睡觉呢？

滇金丝猴抱团睡觉主要为了避寒、保暖。抱团睡觉能减少体温丢失，进而达到保暖的效果。滇金丝猴生活在寒冷的高山森林中，这些地方冬季气温低，有些地方甚至长期被大雪覆盖。黎大勇教授发现响古箐滇金丝猴在冬季温度降低的时候，睡觉抱团的规模也在增加，冬季记录到睡觉时最大的抱团个体数为8只。经常还能观察到母猴抱着孩子睡觉。这可能是成年雌性保护未成年个体晚上被天敌捕杀的一种策略，同时也可以减少婴猴从树上掉下来的风险。此外，抱团睡觉也受滇金丝猴家庭内个体之间社会关系的影响。研究发现，有亲缘关系的个体在睡觉的时候抱团的次数多。年龄也是影响滇金丝猴抱团睡觉的一个因素，各个家庭中都有相同年龄段的少年猴在一起抱团睡觉。因此，抱团睡觉可能会加强滇金丝猴家庭内部个体间的亲密关系，有利于家庭的稳定。

7

理毛与社交

滇金丝猴一天中除了取食、休息、移动外，理毛也是一项重要的行为。它们的理毛可不同于人类的理发，滇金丝猴的理毛是指用手拣出毛发中的小颗粒（类似于盐粒的皮肤寄生物），随后放入嘴中咀嚼，这是非人灵长类动物常见的行为，也是最为普遍的一种社会性交流形式。理毛可以分为相互理毛和自我理毛。相互理毛是猴子间一种友好的行为，有利于建立和维系社会关系。由于理毛行为容易观察到，可以借助理毛行为评估不同猴子们之间的社会关系。

人说，无利不起早。理毛能给猴子带来什么好处呢？

对于非人灵长类而言，理毛具有清洁卫

生功能，如移除寄生物和脏东西。随着深入研究，有关理毛行为的社会功能逐渐被证实。其一，理毛可以有效减少或避免其他个体对自己潜在的攻击，从而降低猴群内的紧张度，缓和成员间的关系，增加个体之间的容忍度。其二，理毛是性行为的一部分。其三，理毛是个体间表现出友善的信号，也是一种乐于与其他个体建立联盟关系的信号，能有效地维系群内成员的友好关系。其四，相互理毛有助于建立和维持个体间紧密的社会等级。

具体到滇金丝猴，理毛行为起到什么作用呢？为了研究滇金丝猴的理毛行为，尤其是雌猴之间的理毛，我们组的硕士研究生张云冰于2011年在响古箐研究观察了3个家庭——一点红家庭、大个子家庭、联合国家庭。

理毛

在猴群中，不同家庭的主雄猴之间也存在等级。在同一个家庭中，主雄猴的老婆们（也称后宫）——雌猴之间也存在等级。按照我们之前的假设，既然理毛是滇金丝猴一种友好的行为，那么理毛和等级应该也存在某种联系。

在各种宫廷剧中常见地位低的嫔妃千方百计去讨好皇后和其他地位高的嫔妃，在滇金丝猴中也有类似的现象。所有雌性个体间的理毛不是随意的，而是有倾向性的。在所观察的三个家庭的后宫中，张云冰发现，低等级的雌猴多是理毛的发起者，高等级的雌猴多是理毛的接受者。雌猴间的地位差距越大，这种趋势越明显。此外，年龄对雌性间的理毛行为也会产生影响。一般来说亚成体雌猴多是

雄猴给雌猴理毛/朱平芬　摄

理毛的发起者，成年雌猴多是理毛的接受者。

"天下熙熙，皆为利来；天下攘攘，皆为利往。"理毛也是有投入和收益权衡的。

对于理毛发出者而言，其投入是：其一，在相互理毛时，理毛发出者会降低对周围其他个体的警惕，忽视对自己子代的照看，同时增加了被天敌捕食的危险；其二，理毛发出者会因为给其他个体理毛，从而减少了自己的休息时间和获得食物的机会；其三，理毛发出者需要投入一定的能量，从而使得机体代谢率增加，导致能量的消耗增加；其四，理毛发出者有时会出力不讨好，有被理毛接受者攻击的风险。但其收益如下：其一，获得营养，相互理毛捡食的皮肤寄生物、盐等，为理毛发出者提供了蛋白质、矿物质、维生素等营养物质；其二，理毛发出者可以与理毛接受者共享资源，接受理毛者有可能让理毛发出者接近与共享它的资源（如食物）；其三，相互理毛可以减缓竞争压力，从而缓和个体间的紧张气氛；其四，相互理毛使双方建立联盟，当其中一方遭遇困难时，另一方会提供帮助和支持。

理毛接受者的投入为：理毛接受者在接受理毛时，不能随意走动和变换姿势，从而减少了接受信息和接近资源的机会。理毛接受者的收益为：其一，去除了身体的寄生物和脏物，并且理毛过程中的触摸和拍打使接受者感到愉快和舒服；其二，重新认定和保持等级地位，理毛接受者如果受到高等级个体的理毛，可暂时提高它在猴群中的等级。

8

定期游走

　　和理毛行为一样，游走也是滇金丝猴的日常行为之一，类似于游牧民族逐水草而居。猴群从不安土重迁，每过一段时间，就要进行短暂的迁徙。猴群不能坐吃山空，它们必须在食物枯竭之前，迁徙到新的地盘，寻找新的资源。

　　为了研究猴群的游走行为，从2003年到2005年，向左甫博士在小昌都工作了248天。他观察发现，小昌都猴群的家域为21.25平方千米。一般而言，由于树叶分布均匀且数量越多，这使得滇金丝猴通常采取"低成本-低收益"的觅食对策，它们只需移动很短的距离就可以满足取食需求。

　　滇金丝猴群会在某一地方连续停留几天

后，移动到另外一个地方。由于嫩树叶和果实的季节性供给，猴群的游走模式同样表现出一定的季节性变化。雨季的时候，猴群主要以成熟树叶为食，需要移动一段距离满足食物需求。而食物匮乏的季节，猴群主要以地衣为食，由于地衣分布均匀，猴群每日移动距离逐渐减少。这也是猴群的一种能量策略，食物贫乏，它们就减少移动距离以减少能量支出。

对比吾牙普牙那里猴群 1310 米的日移动距离，小昌都猴群的日移动距离只有 771 米。一方水土养一方猴，不同猴群每天的移动距离和它们所生活的环境息息相关。在吾牙普牙，猴群能够用来栖息的环境多，可以在不同的栖息地移

滇金丝猴/赵序茅　摄

动。相比之下，在小昌都，猴群多局限于20多平方千米的地域活动，且95%的家域在海拔3800米以上，就是想游走也没有太大的空间。与南部的吾牙普牙猴群相比，小昌都地区食物质量偏差。同猴不同命，小昌都猴群只得压缩其他活动时间，集中精力觅食，因此每天游走的距离就少得多。尤其是在冬季，猴群甚至减少休息和其他活动时间，保证最大的取食时间，只有这样才能够保证猴群度过低温寒冷、食物缺乏的冬天。

猴群游走的时候，走在最前面的是全雄单元的成员。它们是猴群的开路先锋。多年的生活经历，使得这里的每一只猴明白，想要在这片森林中生存，就得依靠群体的力量。即便全雄单元的猴子在群体中没有什么地位，但是待在里面也总比外面安全。

俗话说"家有一老，如有一宝"。全雄单元里那些被取代的前主雄猴和一些老年个体，虽然英雄迟暮，威风不如当年，但它们在猴群内生活时间最长，对其家域内的资源也最了解，过的桥比其他猴走的路都多。因此，在猴群游走的时候，它们走在最前面，引导猴群向合适的地方迁徙。可是茫茫林海，这些老年猴，又是如何熟记各种地形呢？这些老年猴把之前走过的地方，都记在了脑海里，这种功能被称为环境印象地图。

在环境印象地图的指引下，老年猴们清楚地知道哪里食物资源丰富。因此全雄单元中的老年个体是整个大群行进方向的决定者。全雄单元带领着整个大群在其家域中寻找食物时，它们比那些小家庭中的猴儿更容易取食到高质量的食物。青年猴紧紧跟随在那些大雄猴的后面，尾随在它们后面是各个小家庭。

滇金丝猴/赵序茅　摄

9

母猴临产

    春季是滇金丝猴生儿育女的季节，下一代的繁育事关整个猴群的兴衰。滇金丝猴的妊娠期较其他猴子长，为220～227天，每年的2—6月是滇金丝猴群的生育期。虽然到了春季，可是响古箐地区依旧春寒料峭，越到高处越是不胜寒。而滇金丝猴生活在海拔2600米到4200米的地区，也就是说出生后的小婴猴们要在寒冷的春季度过满月。不过，雌猴选择在这段时间分娩也是权宜之计。

    一般而言，非人灵长类的生育和食物有关，食物丰富的时候才能更好地繁育后代。大多数非洲疣猴在一年各月都有生育的可能。这是因为非洲疣猴栖息在热带雨林，食物资源丰富，很少闹饥荒。比如栖息在乌干达的红绿疣猴（*Procolobus badius*）生育高峰就出现在雨季。那是一年中食物最旺盛的时候，可以更好地养活后代。也有些学者用捕食饱和假说来解释动物的季节性繁殖。假说认为动物集中在某一段时间生育是应对天敌的一种策略，因为幼年动物往往最容易被天敌捕杀。如果动物在一年四季内都有生育，那么它们的后代很可能会被天敌分批地全部捕杀。因此，动物集中在某一时期内生育，使得天敌不至于将新生幼仔全部捕食，增加了后代生存的机会。以此观

之，滇金丝猴的季节性繁殖并不适用于天敌捕食假说。因为滇金丝猴面临的捕食压力并不大，且一些潜在的天敌如犬科和猫科动物现存的数量已经非常稀少。

滇金丝猴是典型的季节性生育，这种生育模式与季节性食物供给有关。对滇金丝猴雌猴而言，生养孩子是一件极为消耗能量的事情。从怀孕到婴猴出生，猴妈妈必须保障自己和孩子的食物供给，如果食物摄入不足就会延误生育和影响婴猴的成长。滇金丝猴生活在高山暗针叶林下，食物的数量和质量都受到季节影响。它们之所以集中在春季生育，是因为春季出生的婴猴，过不了多久就赶上了食物最为丰富的夏季和秋季。只有获取丰富的食物，才能保证猴妈妈有充足的奶水哺育婴猴。

生育阶段，整个猴群会躲进森林中最为偏远的地方，在敏感的日子里，它们不希望被外界打扰。在雌猴集中产仔的季节，猴群也暂时放缓了游走的步伐，开始在一块区域短期驻守。猴群中，有母猴生育的家庭便进入"戒严"状态，严守自己的领域。母猴也收起性子开始了它的孕妇生活，每天挺着大肚子，显得非常慵懒。为了保证胎儿健康发育，孕妇猴的行动变得缓慢起来，很少跑动、跳跃，几乎不参与打闹。产前的生活便是吃吃东西、晒晒太阳、睡睡懒觉，和姐妹们理理毛。

10

白天生育

　　出于环境条件的限制，野外环境下很难观察到滇金丝猴的分娩过程。根据文献记载，大多数非人灵长类动物在夜晚或者早晨分娩。它们在夜晚或者早晨分娩主要的好处有：其一，雌猴可以及时跟上白天猴群的移动；其二，晚上分娩可以避免其他群体成员对于新生儿的威胁；其三，晚上分娩，雌猴可以有充足的时间恢复身体，及时照顾新生儿。然而，滇金丝猴的分娩时间，似乎与大多数灵长类不同。2013年丁伟博士第一次报道了滇金丝猴白天分娩的情况。

　　下面是丁伟博士2013年记录到的滇金丝猴分娩过程（表3）。

表3 滇金丝猴分娩过程

产程	开始时间	行为	时长（分钟）
产前	11:10	雌猴轻轻地扭动身体，发出轻微的叫声	10
产中	11:20	雌猴大声尖叫，婴猴头部的毛冠露了出来	4
	11:24	婴猴的头部完全露出来	≤1
	11:24~11:25	其他雌猴用双手把婴猴从产道里拉出来	≤0.5
产后	11:25	母猴切断脐带，摄取胎盘	5
	11:30	母猴携带婴猴，并且舔干新生儿的毛发	4
	11:34	母猴轻轻举起婴猴，走到地面上开始觅食	<10

之前的文献记载，非人灵长类多在晚上或者晨昏生育，为何丁伟博士看到的是在白天生育？

滇金丝猴白天分娩可以直接或者间接地获得猴群其他成员的帮助，母猴能够尽快觅食，恢复体力。大多数非人灵长类在树梢上完成分娩。和人类一样，滇金丝猴雌猴分娩的时候，婴猴也是头部朝下先出来，并且在分娩过程中，初产的雌猴会得到家庭中其他雌猴的帮助。经产的雌猴会通过自助的方式从产道拖拽婴猴的头部。其他雌猴在关键时候的助产可以降低婴猴的死亡率，使整个猴群受益。之所以互相帮助，这是由于成年雌性待在同一个猴群中形成了强烈的亲缘关系。

　　分娩的时间越短越利于母子平安，因此灵长类动物的快速分娩会受到自然选择的青睐。丁伟观察滇金丝猴的分娩时间长为4分30秒，比白头叶猴的6分53秒稍短，但是比其他灵长类动物分娩时间长。比如红吼猴、斯里兰卡猕猴、食蟹猕猴等分娩时间都不超过2分钟。在分娩的过程中经产的雌猴往往比初产的雌猴更加熟练、高效。对白头叶猴和长尾叶猴的观察发现，初产雌猴消耗在胎盘上的时间比经产雌性长。丁伟博士的观察发现，滇金丝猴即便是初产也可以独立切断脐带，并在5分钟内吃掉整个胎盘。这可能是由于初产雌猴之前看到过家庭其他雌猴生育，因此轮到自己生产的时候才会显得比较顺手。

　　滇金丝猴婴猴的成长、发育过程如表4、表5所述。

滇金丝猴婴猴

表4　滇金丝猴婴猴成长、发育过程

婴猴日龄	身体特征
1 日龄	前肢能抓握母猴腹部皮毛。母猴紧抱,多睡,颈无力,有时下垂,吮吸母乳。
2 日龄	吸乳,窜动,有往外挣脱母猴限制的欲望,被其他母猴抱住时会发出叫声。
3 日龄	自行搔痒,手能抓挠母猴腹部,探头张望。
4 日龄	打破母猴的限制,挥动前肢,往前爬。离开母体,坐在地上或母猴两脚之间。
7 日龄	抓拿东西,吮吸指头。
10 日龄	有抓握能力,离开母体在母猴1米范围内活动,但动作不协调,紧握树枝向上蹿动。
12 日龄	离开母体1米以外活动,独自玩耍,动作仍不协调,时有跳跃动作。
20 日龄	在地面行走、爬行、跳跃、抓拿东西,伸手向母猴讨东西,可向上攀援1米左右。到母猴头、身上爬行。
30 日龄	在地面和树枝上自由平稳行走,在周围向上攀爬和向侧移动,啃树叶,跳跃,可跃出30厘米以外。与其他猴仔相互玩耍。

续表4

婴猴日龄	身体特征
40日龄	在树枝上平稳行走,相互玩耍,尝吃杜鹃花。
60日龄	悬吊于树枝或紧握大猴尾巴摆动,吃食少量水果、嫩叶,取食不灵活。
90日龄	在栖架上跳跃,单手悬吊摆动,两脚站立走动,离开母体时间长。
120日龄	活动自如,灵活取食各种植物,和大猴玩耍。
150日龄	受惊时会迅速地跑回母猴怀里。
175日龄	全身换毛后,毛色及肤色与成年猴相似。
180日龄	行为活动基本与成年猴类似,毛色也近似于成年猴。
牙齿发育	婴猴乳齿的萌发最先是正中门齿,然后是侧门齿,第一臼齿、犬齿,最后为第二臼齿。15~30天,8颗门齿长出。39~77天,上颚第一前臼齿、犬齿和下颚第一前臼齿长出。77~143天,下颚犬齿长出。150天后,第二前臼齿长出,至此,全部乳齿长齐。

表5 婴猴发育的四个阶段及行为特征

阶段	行为特征
完全依赖期阶段 I （出生到1月龄）	完全依赖母亲。在发育第一阶段,婴猴大多数的时间都留在母亲怀里吮吸母乳或休息。母乳是婴猴能量的唯一来源,没有出现独立取食的行为。不具备独立活动能力,完全依赖母亲的携带才能移动。母亲一直将婴猴携带在身边,对婴猴的保护性较强。当婴猴试图打破与母亲的身体接触时,会遭到母亲的限制。母亲对婴猴吮吸母乳和接触的请求不会发出拒绝。
探索期阶段 II （2月龄至3月龄）	可以离开母亲的怀抱,出现了取食固体食物的行为。能够挣脱母亲的限制,进行短暂的独立活动,但行动十分笨拙,对母亲的依赖性仍然较强。出现了取食固体食物的行为,但用于取食的时间很短,能量的主要来源仍为母乳。出现了社会玩耍行为,但仅与家庭内部的其他婴猴玩耍。
快速发育期阶段 III （3月龄至7月龄）	离开母亲的时间逐渐增加,独立性增强。用于取食和社会玩耍的时间逐步增加,越来越多的时间进行独立活动。出现了为其他个体进行社会理毛的行为,但发生的频率很低,持续时间很短,动作十分笨拙。
逐步独立期阶段 IV （8月龄至12月龄）	独立性增强,母亲拒绝行为频繁。花费超过50%的时间离开母亲独立活动。有能力完成大部分的运动行为,仅有少数情况下,还需要母亲的携带。吮吸母乳行为逐渐被取食行为取代。偶尔会遭到种群其他成员的威胁和攻击。但12月龄的婴猴仍然缺乏很多社会行为模式,对母亲还具有一定的依赖性。母亲再次出现邀配和交配行为,对婴猴的拒绝行为变多。母亲在移动中携带婴猴的比例明显减少,12月龄的婴猴很少被母亲携带。

11

贪玩的
小雄猴

　　没有不爱玩的孩子，玩耍行为广泛存在于高等动物个体发育早期，是高等动物发育早期的特有行为。根据参与玩耍个体数量的不同，玩耍可分为个体玩耍和社会玩耍，直白说就是自己玩还是跟别人一起玩。可不要小看它们的玩耍，在群居灵长类动物中，社会玩耍利于婴猴感觉和运动器官发育，利于提高其社会认知能力。

　　在滇金丝猴群中，平日里各个小家庭之间壁垒森严，成年个体是不能互相串门的。然而婴猴可以突破家庭的限制，和邻居家的小猴一起玩耍，这是婴猴们享有的特殊权利。有时候，3到4只小猴聚在一起"乱战"，树上、地面均是它们的战场。若你在远处看见

滇金丝猴婴猴/朱平芬　摄

枝条摇动，很有可能就是小猴们正嗨的时候。

它们虽然年龄小，却是玩耍的能手，抓、打、撕、咬都不在话下，是不会被欺负的。婴猴很贪玩儿，但对于不同的玩耍方式，它们有自己的偏好。婴猴们会一起追逐、奔跑、撕咬、抓打。有些时候，我们也许会觉得奇怪，明明看着已经打起来了，怎么还玩得不亦乐乎呢？小猴子玩耍是为以后做准备，现在的撕咬、抓打、追逐等行为可以锻炼身体，训练打斗技能，使它们变得更强壮。此外，婴猴一起玩耍，还可以帮助建立和加强伙伴之间的社会联系，帮助掌握群体间特有的沟通方式。

对社会玩耍行为进行定义，小猴玩耍的类型有以下几类。

抓打：小猴间距离很近，伸手能触及对方，双方后肢着地，前肢相互试探性地迅速伸向对方，或抓住对方身体的某个部位。

撕咬：一只小猴抓住对方的肩或头，同时用嘴咬对方的头部和肩部，另一只小猴使劲摇头挣脱对方的束缚。

追逐：一只小猴在前，另一只在后，相距很近，前者跑一段距离后停下，看一下后者，后者马上追上去，前者再向前跑，或者在不同树枝上都向着相同方向移动。

其他行为：小猴在不同树枝上，一只小猴从这边跳到那边，另一只要么朝着对方所在位置跳去，要么沿着前者的足迹尾随跳去；一只在高处，另一只在低处，高处的一只会踢低处那一只，还会互相拥抱。

　　3岁以下的小猴，特别喜欢和同龄的小伙伴一起玩耍。人类中男孩一般比女孩贪玩，滇金丝猴也是如此，雄猴比雌猴贪玩。和人类的小朋友一样，不同年龄段的小猴有不同的玩法。1岁以下的小猴喜欢相互追逐，1～2岁的小猴喜欢互相抓打、撕咬、追逐。这些玩耍有什么特殊的意义吗？分析其中的奥妙，就是行为生态学做的事情了。

　　有几种假说来解释小猴之间的玩耍。

　　运动技能训练假说认为，小猴之间不同类型的玩耍，可以锻炼身体，提高生存技能。灵长类动物的玩耍可能与大脑结构和发育有关，社会玩耍行为能促进灵长类动物大脑皮层的发育，提高它们的社会认知能力。还有的研究者认为在参与玩耍的过程中完善了打斗和逃避天敌的技能。比如，西部低地大猩猩的婴幼个体通过社会玩耍提高了自身的运动技巧。

　　建立社会联系假说认为，社会玩耍行为能够建立和加强群内个体的社会联系，帮助未成年个体掌握群体特有的沟通方式。比如，狮尾狒狒通过社会玩耍增加了个体之间的社群友好关系。黑猩猩个体通过社会玩耍，在群内逐渐确立了一个较为稳定的社会关系网，能够保证其获得更多的食物资源和繁殖机会。

　　年龄阶段假说认为，灵长类动物社会玩耍行为受到年龄的影响。比如日本猕猴年龄相近的个体多在一起玩。1岁以内的日本猕猴雌性比雄性更爱玩。1岁时，雌猴雄猴都爱玩。川金丝猴，0～2岁的雌猴雄猴都爱玩，没有明显差异，到了2～3岁社会玩耍就有了明显的性别差异。

性别差异假说认为，不同性别个体参与社会玩耍的时间和形式都存在较大差异。雌雄差异明显的灵长类动物更是如此。这与雌雄性个体在形态特征（如体型大小、体重）、行为特征（如捕食、躲避天敌、同种个体间的打斗、吸引配偶、抚育后代）或社会偏好（如与同性或异性个体结成同盟）等方面存在差异有关。比如，猕猴雌雄差异明显，成年雄性比成年雌性拥有更大的体型和犬齿，雄性间为争夺配偶经常发生激烈冲突。群内雄性共同保护食物资源和配偶，而雌性主要负责哺育后代以及通过理毛行为来维系群体稳定。这些导致雌雄个体在幼年期玩耍行为的频率、类型和玩耍伴侣的选择上都存在明显差异。研究证实，猕猴雄性幼体或少年个体比雌性幼体或少年个体花更多时间用于社会玩耍（如打斗、追逐），且更为激烈，具有更多的身体接触。

黎大勇教授分析认为滇金丝猴0～3岁小猴之间的玩耍，符合年龄阶段假说、性别差异假说和运动技能训练假说。

12

猴妈妈
育儿经

"昔孟母，择邻处。子不学，断机杼。"母亲的养育对于孩子的成长至关重要。实际上母婴关系是整个哺乳类动物中最重要的社会关系之一。与其他体型大小相近的哺乳类动物相比，灵长类动物的幼仔属于晚成型，需要依赖亲代（父母）在相当长的时间内给予更多、更长时间的照料才能存活。除了南美洲的少数几种灵长类动物之外，在绝大多数灵长类动物中，母亲都是后代的主要照料者。母亲的照料对后代的存活起着关键的作用，从而也决定了整个种群的兴衰。母亲的育幼行为对婴猴的发育乃至成年后的社会交往都具有重大的影响。

为了研究滇金丝猴的母婴关系，2009 年

12月至2011年3月，我们组的李腾飞博士对响古箐滇金丝猴群中的母婴关系、婴猴行为发育和阿姨行为进行了观察研究。2010年，响古箐猴群共出生10只婴猴。李腾飞博士选取了其中的6对母婴作为观察对象。为了表述的方便，使用九母、遥母这种方式来称呼婴猴的母亲。在观察期内，6对母婴所属的3个家庭单元均没有发生主雄猴替换，也没有个体的迁入或迁出。

会笑的滇金丝猴母子/朱平芬 摄

我们先来认识一下目标家庭的成员（表6）。

表6　目标家庭的成员

家庭单元	主雄猴	成年雌猴	亚成年雌猴	婴猴	出生日期	性别
一点红	一点红	一点黑（九母）	豆芽鼻	小九	2010年2月9日	雌性
		二点黑（遥母）	保姆	小遥	2010年3月11日	雌性
		白鼻（蓝母）	—	小蓝	2010年3月11日	雄性
		兰花指	—	—	—	—

以一点红家庭为例看母婴关系。一点红家的小九出生后，最忙碌的当属九母了。九母有自己的育儿经，在动物行为学上称为育幼模式。

第一天，小九被毛湿润，能够睁开眼睛，但大多数时间闭着眼，头颈无力，九母会扶着它的头使其能够含着乳头，仅能进行少量的活动，如转动脖子。第二天，小九被毛干燥蓬松，开始在母亲怀里活动探索。随后的一周内，小九越来越活跃，九母坐下休息时，在母亲怀里爬动，并试图爬出母亲的怀抱。小九刚出生的2周内，九母一直把小九抱在怀里。2周龄内的小九只能在母亲的一臂之长的范围内活动。小九在16日龄第一次成功地爬出九母怀抱，39日龄第一次移动到母亲一臂以外。2月龄的小九可以到母亲1米以外的范围活动。

携带孩子的方式也是有讲究的。九母使用腹腹接触的形式携带婴猴，即母亲在移动时，婴猴用双手双脚抓住母亲腹部的皮毛，母婴保持腹腹接触。小九的四肢紧紧抓住猴妈妈的毛发，身体的朝向与猴妈妈一致，脑袋刚好在妈妈的胸前。这样不管猴妈妈是否有精力照看婴猴，当婴猴感到饥饿的时候，都可以主动吸乳填饱肚子。这种携带方式对九母的日常行为，如走动、取食、社交的影响不大，且可以保护小九免受天敌和猴群其他个体的攻击，有助于小九与其他个体建立社会关系，帮助小九模仿和学习成年个体的行为。在小九不能独立活动之前，九母就是通过这种携带方式跟随大群活动的。

1月龄的小九身体柔弱，抓握能力不够，没有自我保护能力，简单的日常活动也容易给它带来伤害。而小九懵懂无知对外面的世界充满了好奇，它很想到处走一走，看一看。这不，小九在一棵杜鹃树树枝上荡秋千，一不小心从树上掉了下来。九母立即把它抱起来，轻轻拍打了几下，让它知道哪些事情可以做，哪些事情不可以做。九母不会任由婴猴胡闹，会限制它的活动，大多数时间把小九抱在怀里，只有怀里才是最安全的。小九面临的危险是多方面的，初生幼仔活动能力较差，容易从树上掉落，自我防御力很弱，如果受到种群内其他个体的攻击，很容易受伤或死亡。所以当群中发生冲突行为时，即使冲突并不是针对小

滇金丝猴母子/夏万才　摄

猴妈妈给婴猴理毛/夏万才　摄

母猴携带婴猴/朱平芬　摄

九，九母也会迅速赶到小九身边，将其抱起躲避冲突。在全雄群的个体靠近小九时，九母会对其表现出威胁行为。

玩累了，闹够了，饿了，小九就跑到九母的怀里吃奶。滇金丝猴是哺乳动物，和我们人类一样，小时候靠喝妈妈的乳汁长大。乳汁中含有丰富的营养，能够保证婴猴的能量需要。乳汁还有一项神奇的功能，里面含有免疫性抗体，可以帮助婴猴增强抵抗力，以便更好地在复杂的自然环境中生存。小猴在1岁之前都是靠妈妈的乳汁生活，很多小猴1岁之后，还经常含着妈妈的乳头，这是早期的习惯产生的依赖。

吃饱喝足了之后，九母还要给小九理理毛发。你看平日里猴群的猴子们各个都很整洁，这是因为它们很讲究卫生。理毛就具有清洁的功能。这个时期的小九不具备自我理毛的能力，需要九母的帮助。从出生第一天起，九母就开始为小九理毛。九母把小九抱在怀里，从头部开始用手梳理毛发，通过理毛去除皮肤表面的寄生虫、分泌物和灰尘等，从而让小九身体更清洁健康。在小九的成长过程中，九母为它理毛，还是培养母婴亲情的一种方式。除了猴妈妈外，有时候家里的阿姨和姐姐们也会给婴猴理毛。小九11月龄才开始自我理毛，且自我理毛频率非常低，整个观察期内只观察到了11次，每次的持续时间都不超过30秒钟。

从8月龄开始，小九开始逐渐跟随大群移动，到了12月龄时，小九基本可以独立跟随大群活动而不再需要母亲的携带。但1岁龄的小九还无法独立完成所有的移动行为，很大程度上仍要依赖母亲，例如，在逃避来自其他个体的攻击、爬上比较粗的大树等情况下，小九仍然需要依靠母亲的携带。

13

母婴冲突

　　婴猴的成长离不开母猴的照顾，可是"儿大不由娘"，等到婴猴成长到一定阶段，母子间的关系会发生微妙的变化。在行为生态学上用"母婴冲突"来描述母子间的不和谐。母子之间本来亲密无间，怎么会产生冲突呢？

　　当年生育的母猴不仅需要照顾眼前的孩子，还要着眼于继续繁育下一代。这个时候，婴猴很有可能会妨碍母亲与父亲亲热等为下一代努力的行为，这时冲突就来了。母婴冲突假说认为："母亲会试图促进婴猴的独立化进程，使当前的婴猴不会妨碍母亲繁殖下一代的行为，一般母亲会通过频繁地拒绝哺乳婴猴和身体接触来促进婴猴的独立。"

那么，滇金丝猴是如何处理母婴冲突的呢？

李腾飞博士发现九母在小九8月龄时，开始出现了主动亲近猴父的行为。为了实现自己"造猴大计"，在这期间九母对小九的拒绝次数比之前的要多。乍一看，我们的观察符合母婴冲突假说，即滇金丝猴母亲为了为来年的繁育

小猴子趴在雌猴背上咬手指/叶舟　摄

后代做准备，而停止对当前婴猴的投入，从而表现出了较高频率的拒绝行为。

可是要知道，滇金丝猴母亲的生育间隔为两年，也就是说它有两年的空窗期用来抚育婴猴。细细思考，这其中存在蹊跷。李腾飞博士观察到6个母亲的拒绝行为均在婴猴9～12月大的时候明显增加。虽然，这些母猴也表现出积极的亲近猴父的邀配行为，可是没有一只母猴在下一年产下婴猴。这就意味着，9～12月大的婴猴对母亲的繁殖根本没有任何影响，这显然不符合母婴冲突假说。那么，母猴为何还要拒绝婴猴呢？

我们再看看符合母婴冲突假说的白头叶猴。白头叶猴母亲的拒绝行为在婴猴发育的不同阶段，具有不同的功能。在婴猴2～5月龄时，母亲会频繁拒绝婴猴，同时会限制婴猴的活动。这期间的拒绝行为是为了促进婴猴的独立化。在8～12月龄之间，母亲出现了繁殖活动，拒绝频率也显著提高。婴猴在19～21月龄断奶，这段时间的拒绝行为表明母亲停止了对当前婴猴的投入，而开始为下一次生育做准备，这才是符合母婴冲突假说。

既然滇金丝猴不符合母婴冲突假说，我们再看另一个假说——时间调节假说。时间调节假说认为拒绝行为是母亲的一种育幼策略。在婴猴的发育过程中，母亲希望哺乳婴猴和与婴猴身体接触尽可能地不妨碍自己的正常活动。也就是说，当婴猴的吃奶意图和接触意愿妨碍了母亲的活动时，母亲会对其表现出拒绝行为。但当母亲的活动不会被婴猴打扰时，母亲会允许后者接近和对其哺乳。

滇金丝猴母亲在育幼过程中会消耗大量的能量，因此需要摄入更多的能量来维持均衡。为了达到这个目的，母亲可能会倾向于用更长时间取食，或者提高取食效率。母亲的取食行为很容易被婴猴所妨碍，因为携带婴猴可能会导致母亲难以取食食物，寻找食物时移动的速度也会变慢。李腾飞博士观察发现，滇金丝猴母亲发出拒绝最多的时期正是取食的阶段，而在母亲处于休息状态时，较少拒绝婴猴。

继续分析，如果母亲的拒绝行为是为了削减对婴猴的投入，那么母亲的拒绝行为将是明显地减少哺乳婴猴的时间和母婴接触的时间。但在李腾飞博士的观察中我们发现，在婴猴8～12月龄期间，母亲拒绝行为增多时，婴猴含乳头的时间和与母亲接触的时间并没有随之下降。在这个阶段，婴猴休息时都会回到母亲怀里，并含着乳头。到了12月龄时婴猴也没有断奶。这也说明母亲拒绝行为的目的并不是使婴猴断奶，只是调整其哺乳的时间。滇金丝猴幼仔的断奶年龄大于1岁龄。在李腾飞博士的观察中曾发现2岁龄的少年猴，甚至大于2岁的亚成年雌猴在母亲休息时，都偶尔会含着母亲的乳头。由此可知，当婴猴的活动不会妨碍到滇金丝猴母亲的取食等行为时，母亲可能会允许婴猴继续吃奶。

综上所述，滇金丝猴的母婴冲突符合时间调节假说。那么，母猴对于婴猴的拒绝是否有利于婴猴的独立呢？

即便是拒绝，母亲的行为也是温和的，非强制性的。

吃奶/朱平芬 摄

滇金丝猴妈妈大多数的拒绝都是用转身离开或者推开婴猴这种比较温和的方式，即使偶尔有拍打和轻咬婴猴，其强度也都非常弱。尤其当母亲的拒绝遭遇到婴猴撒娇时，母亲往往会接受继续哺乳婴猴或无法拒绝其要求。所以我们认为在滇金丝猴的母婴关系中，至少在婴猴1岁龄以内，母亲的拒绝行为对促进婴猴的独立性没有显著的作用。

14

阿姨行为

在很多群居的非人灵长类动物中，母亲以外的其他雌性成员也会对婴猴产生浓厚的兴趣，甚至会对其进行各种照料，这种现象被称为阿姨行为或拟母亲行为。阿姨行为在不同动物中的表现不同。非人灵长类动物在诸多行为表现上与人类有着高度的相似性，研究其阿姨行为，对了解人类的行为发育、进化历程有着重要的意义。

我们还是以一点红家为例，看看它家的阿姨行为。小九出生后一下子成为一点红家庭里重点照顾的对象。不仅九母对小九照顾有加，一点红的另外几个老婆也很疼爱小九。小九是幸福的，在家庭中除了母亲以外，阿姨和姐姐们也会对它进行照料，经常抱着小九为它理毛。有时候小九也会主动靠近阿姨和姐姐们，钻到它们的怀里。

但是对于九母而言，阿姨们的参与并没有减轻自己的负担，很多时候还会是帮倒忙。中午休息的时候，九母正端坐在树上给小九喂奶。自己忙碌了一上午，也正好休息一下。这个时候，小九的一个阿姨突然跑过来，将小九抱走。九母有些不高兴了，不是小气不让抱，而是此时它正在

滇金丝猴家庭/朱平芬　摄

给孩子喂奶，被抱走会影响孩子成长发育。九母立即从阿姨手中把小九夺了回来。这样一来二去，不仅影响了给孩子喂奶，还白白消耗了不少体力。在九母哺乳期间，阿姨们抱走小九往往是好心办坏事，出力不讨好，不仅不能减轻猴母的负担，甚至可能会影响小九成长。在小九1~2月龄时，九母并不希望阿姨们过多地参与照顾孩子，倒是希望在自己觅食的时候，姐妹们能够多抱抱小九，这样可以减轻自己的负担。可是这个时候，姐妹们往往也在寻找吃的，无暇顾及小九。

一次，小九正在妈妈怀里休息，豆芽鼻阿姨把小九抱过来了。豆芽鼻还没有自己的孩子，明年它可能就要当妈妈了。它抓紧机会在自己生小猴前多练手，把小九拽来抱一抱，试试怎么带着小猴行走，给小九理理毛，找找当妈妈的感觉。这些在第一次生产前的阿姨行为，都是它们宝贵的产前育幼经历。这样的经验越多，当它们面对自己的第一个新生儿时，也就越从容。可是小九刚被抱走，就哭着喊着找妈妈了。这一哭闹，阿姨行为就变成绑架行为了。九母妈妈赶紧过来，把小九抢了回来，对着豆芽鼻龇牙咧嘴，发出恐吓，类似于"以后不要碰我的孩子"。此时的豆芽鼻一脸无辜。

豆芽鼻没有孩子，它想过一把当妈妈的瘾，也情有可原。可是白鼻阿姨也凑过来抱小九。白鼻是九母的姐姐，也就是小九的大姨，它有自己的孩子。白鼻仅仅是馋孩子，它对小九的照料并没有特殊的原因，只是一种单纯的母爱行为。可爱的小九对所有雌性个体都有吸引力。阿姨们的照顾也是有时间期限的，等到小九慢慢长大，对它的照顾就少了。

　　与阿姨的关照越来越少相反，小九越大越黏人。小九喜欢缠着阿姨们玩，时常围着阿姨和姐姐们身边转，有时对着它们撒娇，要求抱抱。小九通过与家庭单元内部的其他雌性个体的接触，建立起了良好的社会关系，这对它未来的行为发

阿姨/朱平芬　摄

育和社会交往具有重要的意义。

　　李腾飞博士认为："阿姨行为其实对于滇金丝猴母亲的帮助不大。"因为，阿姨行为多在母猴休息或喂养婴猴的时候发起，这个时间段，阿姨把婴猴抱走，会影响母亲喂奶，对婴猴成长不利。母猴要把婴猴夺回还要消耗多余的体力。随着婴猴年龄的增长，其独立生存能力逐渐增强，这个阶段的阿姨行为对母亲也起不到帮助作用。母亲在阿姨行为中并没有获得明显的帮助。但因为滇金丝猴家庭单元内部的妻妾大多数都具有血缘关系，竞争强度较低，那些非母亲个体可能是婴猴的外婆、阿姨、姐姐，不会攻击和虐待婴猴，所以母亲对阿姨行为的态度也较为容忍。

15

义亲抚育

　　人类出于种种目的，会收留、领养别人家的孩子，其实在动物中也存在这种现象。我们在观察滇金丝猴的过程中，也发现过类似的例子。

　　2009年，任宝平博士和黎大勇教授在云南滇西北白马雪山保护区观察猴群行为的时候，记录到一起义亲抚育现象。所谓的义亲抚育是指处于哺乳期的雌性动物会对与自己没有血缘关系的后代进行哺乳、照顾。这是在滇金丝猴中首次发现的义亲抚育，他们如实地记录了这一过程。

　　2009年8月12日，任宝平博士和黎大勇教授在响古箐猴群善泽家（猴群中的一个繁殖家庭）附近，发现一只约5个月大的雄性

义亲抚育

婴猴，并为它取名为小五。根据之前的记录，善泽家是一个繁殖家庭，其家庭成员包括主雄猴善泽、2只成年雌猴、1只亚成年雌猴、2只青年猴、2只婴猴。家庭成员中并未包括小五，那么小五究竟来自哪里，为何出现在善泽家附近呢？黎大勇教授开始排查猴群各个家庭中最近的"猴员"流动情况。很快他发现，心明家（另一个繁殖家庭）中的一只婴猴走失了。由于之前对各个家庭出生的婴猴都有记录，很快可以确认走失的婴猴就是小五。这件事情如果发生在人类社会，很简单，直接把小五送回到原来的家庭就可以了。可是，事情出现在滇金丝猴群，人类不能过多干预，猴子的事让猴子自己解决。他们唯一能做的就是继续观察。

主雄猴善泽和它的家庭成员对于小五的出现，表现得很是平淡，既没有任何敌意，也没有极大的热情。善泽一家照常活动。它们从高高的冷杉树上转移到地面活动，对小五的出现并不关注。随后善泽一家到别处觅食，小五紧随其后。通常这个年龄段的婴猴在家庭移动的过程中，会有家长携带前行。可是在善泽家庭移动的过程中，善泽家没有哪只猴出来携带小五。很明显，善泽家虽然不排斥小五，但也不欢迎。随后的两天山上下大雨，黎大勇教授他们的观察中断。

8月15日，小五和善泽一家一起在地面觅食，显然它们的关系近了一步。第二天下午4：30分，善泽家的雌猴（取名义母）处在哺乳期，正在照看自己的婴猴。小五凑了过来，坐在义母身边，并且伸手触摸义母的婴猴。紧接着义母给自己的孩子喂奶。这时，小五也凑了过来咬住义母的另一个乳头，然而，义母并没有排斥小五，允许它和自己的孩子一起吃奶。下午5：04分，善泽家开始前往夜宿地休息。和之前小五独自跟随不同，这次，主雄猴善泽携带小五走了30米。

雌猴为婴猴理毛/叶舟　摄

8月17日，再次观察到善泽携带小五行走了50米。由此看来，小五已经完全融入善泽家了。一般情况下，家庭中主雄猴虽然对婴猴非常宽容，但是在家庭游走的期间，很少携带婴猴。看来善泽对于小五很是关照。除了主雄猴善泽外，整个观察期间没有发现家庭中其他个体携带小五，也没有发现心明家的母猴前来认领小五。

8月18日这天，不知为何小五离开了善泽家，来到了全雄单元。一般情况下，小雄猴长到3岁后，会被原来的家庭赶出去加入全雄单元，而小五还不到加入全雄单元的年龄。之后，小五随着全雄单元的猴子一起游走。黎大勇教授先后有10次在全雄单元看到小五。

9月21日，黎大勇教授最后一次看到小五生活在全雄单元群里。

10月13日这一天，小五的命运出现反转，它竟然回到了出生的家庭——心明家，和它的生母待在一起。生母是否还在哺乳期不得而知，但是经常可以看到小五含着妈妈的乳头。

人类家庭收留别家孩子可能出于道义、同情、政治或者其他目的，滇金丝猴群中为何会出现义亲抚育呢？自然选择在人类中遇到阻碍，一个很重要的原因可能就在于文化的驯化。相比之下，动物社会要简单得多。即便如此，依旧需要许多假说加以验证。

母亲学习假说认为，年轻的雌性抚育、照顾别家孩子是一个学习的过程，通过积累经验，以后可以更好地照顾自己的孩子，提高头胎的成活率。

亲代抚育迷失假说认为，哺乳期雌性相关的社会因素和激素分泌可能是其进行义亲抚育的原因。

在滇金丝猴的例子中，任宝平博士和黎大勇教授认为其符合亲代抚育迷失假说。一方面，哺乳期的雌猴照看自己孩子的时候，在催产素和催乳素等激素的作用下，有利于和非亲婴猴形成临时的联系纽带；另一方面，滇金丝猴婴猴死亡率接近60%，孤婴不可能在没有母亲关怀、抚育的情况下生存。因此，义亲抚育有利于种群的延续。

雌性的义亲抚育和社会因素以及激素分泌有关，那么雄性的义亲抚育如何解释呢？在上述例子中，主雄猴善泽对于小五也是抚育有加。川金丝猴研究也报道过义亲抚育的现象，但是都发生在雌猴和婴猴之间，从来没有发现雄猴抚育婴猴。由于观察样本有限，很多问题还有待于后续的观察研究。

16

携带死婴

　　动物是如何认识死亡的？近年来，研究者开始关注非人灵长类动物对死亡的认识，尤其是母亲对死亡婴猴的态度更是引起了广泛关注。在日本弥猴、狮尾狒狒和黑猩猩中，研究者都发现了母亲携带死亡婴猴的现象，但持续时间不等，少则一天，多则三五天，也有长达1个月甚至以上的。这种行为在表面上看来是毫无意义的，甚至可能会随着尸体的腐烂对携带者的健康造成损害，如传播寄生虫、传染病等。可是为何还会出现，真相究竟如何呢？

　　李腾飞博士在响古箐404天的有效观察时间里，共记录到了2例母亲携带死亡婴猴的现象。在观察过程中偶然也有婴猴失踪，但并没有发现尸体，这种情况不纳入本次研究中。

我们先来认识下本次观察研究的家庭成员（表7）。

表7　目标家庭单元的组成

主雄猴	成年雌猴	亚成年雌猴	少年猴	婴猴
双疤	大福	大少	彩彩	小一
	二福	二少	—	小二
	三福	—	—	小三
壮壮	蓑衣	一纱	灵灵	大子
	独眼	白纱	—	二子
	白隔	头纱	—	三子
	白额	—	—	—
	胖胖	—	—	—

2010年3月初，响古箐猴群双疤家庭中的大福生了个小雄猴——小一。然而，"天有不测风云，猴有旦夕福祸"，小一刚满月就夭折了。4月3日下午3：34分，李腾飞博士在双疤家看到了死亡的小一。此时的小一约1月龄了，死因不明，尸体表面没有可见的伤痕。在小一死亡前，没有发现天敌，猴群中也没有发生大规模的打斗，更没有记录到针对小一的攻击，所以基本可以排除他杀。小一的母亲大福以前生过孩子，在小一死亡前几天并没有表现出异常。从发现小一死亡开始，李腾飞博士就对大福进行了跟踪，全程记录了大福的行为。

　　"吾儿折妖早归西，日思夜想泪两行。" 没人知晓大福的心里到底充斥着一种怎样的情绪。只见，大福把小一紧紧地抱在胸前，就像它仍活着一样，对其照顾有加。在其后的几天里，大福无论走到哪里，都会一直带着小一的尸体。

　　从小一死亡开始，大福就开始渐渐疏远家庭，不再和家庭成员一起活动，时常独自坐在一棵树上。下午4：07分，小一的姐姐，一只亚成年雌猴靠近大福，对大福怀中

携带死婴/李腾飞　摄

小一的尸体非常好奇，盯着小一看了10秒，但是并没有试图碰触。即便如此，大福也不让它靠近，又是龇牙又是瞪眼，把小一的姐姐吓坏了。大福发完火之后，随即携带小一离开。奇怪的是，除了小一的姐姐外，家庭里的其他成员对小一都不感兴趣。它们可能知道小一已经死去，否则这些疼爱孩子的阿姨们不会对小一置之不理的。只是，大福还没有接受孩子死亡的事实。

携带死婴/李腾飞　摄

　　突然，家庭中发出警戒的叫声。接到警报，正在玩耍的双疤一家立即转移到茂密的冷杉树上。此时，大福迅速地抓起小一抱在胸前，也跑到了树上。双疤在树上观察了一会，发现原来只是一只金雕从上空飞过，虚惊一场。大福护子心切，从没当小一死去，如平常一样照看。猴群休息的时候，大福携带小一爬上树，睡前连续为它理毛三次。其中最长的一次持续了24.5分钟。李腾飞博士在对母婴行为的观察中，记录到的6个目标母亲为1月龄婴猴理毛的平均时间为1.5分钟。大福为小一理毛的时间远长于其他母亲为正常存活婴猴个体理毛的时间。

　　由于小一已经死去不能抓握大福腹部的毛发，所以大福不能像正常母亲一样携子上树，只能抱着小一，可是这样也给自己觅食带来不便。

　　4月6日下午1：30分，大福把小一轻轻地放在地上，独自爬上一棵树采集松萝。30秒之后，大福回头望了望地下，发现小一消失了。它在树冠上四处张望、寻找，并发出"哇——哇——"的叫声。原来是路过的护林员发现了死去的婴猴，悄悄地将小一的尸体掩埋了，可是大福不知道实情，哀嚎不已。

　　无独有偶，2011年1月14日上午10：20分，壮壮家庭中的成年雌猴蓑衣携带了一只死亡的婴猴。根据观察记录，李腾飞博士推测这只婴猴产于13日晚或14日凌晨。死婴的体格略小于正常存活的初生婴猴，毛发稀疏，所以李腾飞博士推测这只死婴是因为早产而亡。

　　蓑衣携带死婴的行为与大福类似。在壮壮家庭中，蓑衣还有一个未成年的女儿——灵灵。灵灵对母亲携带死婴的行为表示了强烈的兴趣。10：52分，灵灵靠近蓑衣坐下，凝视死婴，并试图抚摸它。蓑衣轻轻拍打灵灵，拒绝了灵灵触摸死婴的尝试。1个小时后，灵灵试图再次触摸死婴，蓑衣轻咬灵灵以示拒绝。下午1：53分，灵灵第三次试图触摸死婴，蓑衣仍然拒绝，再次咬灵灵。壮壮家中的其他成年雌猴仅仅在远处看了几眼死婴，并没有试图与之接触。2：30分，蓑衣携带死婴上树，坐在主雄猴壮壮身边。壮壮对蓑衣和它的死婴都没有表现出任何兴趣。3：07分，壮壮家庭中的几只婴猴互相玩耍，其中一只跳到蓑衣的面前，好奇地望着蓑衣怀里的死婴，蓑衣对其发出了威胁。该婴猴迅速逃开，不再靠近蓑衣和死婴。晚上，蓑衣没有跟随猴群来到夜宿地，而是独自夜宿。当天以后蓑衣再没有携带死婴。李腾飞博士也没有找到婴猴的尸体。观察期间蓑衣仅携带了死婴1天。

1月15日下午，天空下起了大雪，观察中断。1月16日下午，李腾飞博士才再次发现蓑衣，此时，蓑衣与壮壮家庭的其他个体一起取食、休息，没有表现出异常。偶见蓑衣抓住家里的一只婴猴，试图为其理毛，该婴猴大声尖叫后逃脱。失去了孩子后的蓑衣试图将生理和心理上对孩子的渴望转移到其他婴猴上。

研究和分析灵长类母亲对死亡婴猴的态度和行为，能够进一步了解灵长类动物对死亡的认识。关于滇金丝猴携带死婴有几种假说：

其一，母亲不能分辨死婴假说。该假说认为母亲携带死婴是因为母亲无法辨识死亡的婴猴，它们可能认为婴猴只是暂时不活动，所以仍然会持续进行照料。根据这个假说可以推断，母亲只会携带在外观上与活婴猴类似的死婴，当婴猴出现明显的死亡特征时，母亲将能够分辨死亡并抛弃死婴。大福和蓑衣都是经产的雌猴，根据以往的育幼经验，它们应该能分辨出正常的婴猴和死亡婴猴，但观察中它们都对死婴进行了长时间的携带。此外，双疤家庭中，有2个成年雌猴，2个亚成年雌猴，壮壮家庭单元中有4个成年雌猴和3个亚成年雌猴。这些个体原本都会对婴猴表现出阿姨行为，但是在李腾飞博士的观察中，死婴都没有受到家庭中阿姨们的关注。仅有蓑衣的女儿灵灵对死婴表现出了强烈的兴趣。灵灵是个2岁的少年猴，还无法理解这个婴猴是否死亡，而其他的雌性个体已经有能力分辨死亡的婴猴，所以对其不感兴趣。还有一种可能性是，灵灵能够理解婴猴已经死亡，但因为它年纪较小，好奇心较强，试图去触摸和靠近婴猴的尸体。因此，李腾飞博士认为滇金丝猴母亲在携带死婴时，能够意识到婴猴是否死亡，与该假说不相符。

其二，尸体腐烂延缓假说。该假说认为在炎热干燥或寒冷等极端气候条件下，死亡的动物尸体腐烂较为缓慢，所以母亲会长时间携带死婴。这个假说认为尸体腐烂的程度影响母亲携带与否。据此推测，当尸体明显腐烂时，例如形态改变、气味散发等，母亲将会停止携带死婴。滇金丝猴的栖息地海拔很高，气温较低，这样的气候环境可能导致尸体腐烂较慢，看起来似乎符合尸体腐烂延缓假说。仔细分析一下，蓑衣的婴猴于1月份流产死亡，这期间气温低于零度，按照尸体腐烂假说，蓑衣应该会长时间携带死婴，可实际上它只携带了1天。而与之相比，大福的婴猴死于4月，这时气候温暖潮湿，尸体腐烂速度明显快于1月，按说大福携带的时间应该少于蓑衣，可是，大福携带的时间要长得多。大福携带婴猴4天后，婴猴尸体就有了明显的腐烂迹象，但这并没有妨碍大福继续携带。由此可知，滇金丝猴母亲是否携带死婴以及携带时间的长短，和尸体的腐烂程度没有多少关联，李腾飞博士认为滇金丝猴携带死婴不符合尸体腐烂延缓假说。

那么，究竟是什么原因影响滇金丝猴母亲携带死婴呢？

根据李腾飞博士观察到的三个案例，滇金丝猴母亲对待死婴的态度与婴猴存活的时间相关。其中，猴群中一个未知的母亲抛弃了流产的死婴猴并没有携带。蓑衣的孩子也因流产死亡，它携带了1天。因为是早产，蓑衣并没有与婴猴共同生活，母子间的情感还没有建立，它对婴猴的兴趣可以转移到其他婴猴身上。反观大福，它的孩子1月龄死亡，死亡后它携带了4天。大福已经养育了婴猴约1个月的时间，在这期间，它们建立了母婴情感联结，基于母子情感，大福较长时间携带死婴。松鼠猴和日本猕猴也有类似的情况，在松鼠猴和日本猕猴中，出生后与母亲共同生活1个月上下后死亡的婴猴，母亲携带时间最长。这种变化趋势可能与母亲的内分泌有关。在妊娠期间，产后的激素水平会促使母亲对婴猴产生"母性"，从而照料幼仔。这种联结既是生理上的，也可能是心理上的。母亲产后与婴猴共同生活的经历和内分泌系统的共同作用，使母亲与婴猴产生了强烈的情感联结，所以当婴猴死亡后，母亲仍然在生理和心理上无法舍弃它。在李腾飞博士的观察中，大福和蓑衣在婴猴死亡后，都停止与家庭中其他个体进行社会交往。大福对死婴的长时间理毛也可能表达了它悲痛的情感。母亲对死婴的照顾和携带是生理因素和情感因素共同作用的结果。母亲携带、照料死婴是灵长类动物的情感认知和情感反应。由于受到野外观察条件的限制，对于滇金丝猴母亲携带死婴还有很多未解之谜，比如在何种情况下母亲会抛弃死婴，停止携带的原因是什么，婴猴死亡后母亲体内的相关激素水平是否会发生变化等。

17

父子关系

　　都说"母爱如水，父爱如山"，前面我们见识到滇金丝猴母亲对婴猴无微不至的照顾，那父亲呢？

　　在我们组的观察中，没有记录到滇金丝猴父亲照顾婴猴的情形。家庭单元内的主雄猴一般不会主动与婴猴接触。相反，在婴猴成长过程中，如果在取食时靠近主雄猴，还可能会受到父亲的攻击。婴猴对主雄猴父亲也表现出畏惧的态度。不过，主雄猴父亲也并不是对婴猴不闻不问，只是平日里，威严的主雄猴不喜欢过度地亲昵。但当婴猴遇到危险时，主雄猴会主动保护婴猴。具体来讲，在非人灵长类中，父子关系（学术上称为雄婴关系）可以分为以下五种类型：

深入细致抚育型。父猴每天花费大量的时间和精力照料幼猴。

接纳型。父猴花费部分时间与一个或多个特定的幼猴进行友好接触。

偶尔接纳型。父猴偶尔与一个或多个特定的幼猴进行友好接触，但并不是所有的父猴都表现出这种行为，同一个父猴也不会一直保有这种行为。

容忍型。父猴允许幼猴在其附近活动，但很少与幼猴有其他接触。

利用和滥用型。父猴只有在能够获取利益时才与幼猴接触，有时还可能会伤害幼猴。

向左甫博士在红拉雪山自然保护区的小昌都地区记录到了一定比例的父亲照顾行为，而且父亲对婴猴的照顾在2月份和3月份时最多。父亲的照顾与婴猴月龄、食物丰富度以及生活区域的环境温度有关。然而，在白马雪山国家级自然保护区吾牙普牙地区对滇金丝猴的观察中，没有发现父亲照顾婴猴行为。我们认为这种差异性也可能与滇金丝猴种群生活的环境有关。

根据我们的研究结果，滇金丝猴的父子关系大致可以归类为容忍型，就是主雄猴可以容忍婴猴。

相比于滇金丝猴，它的近亲川金丝猴父亲对婴猴的照顾稍微多些。秦岭地区的川金丝猴父亲对婴猴的照顾，在冬季最常见，秋季最少。综合来看整个疣猴亚科，大多数哺乳动物父亲对于孩子的投入都比较少，为何如此呢？

　　其中一个主要原因是父权的不确定性，翻译成"人话"就是不知道孩子是谁的。动物的世界里，没有亲子鉴定，虽然主雄猴对于外来的猴子们严加防范，但是防范失手的情况也时有发生。

父爱/朱平芬　摄

此外，抚育后代需要很高的成本，会消耗大量的时间和精力，而主雄猴既要保卫家庭，又要防范全雄单元的入侵，身上的担子本来都已经够重了，哪里还能顾得上婴猴。

此外，有几种假说可以解释非人灵长类中的父子关系。

其一，父亲投资假说。该假说认为父亲仅仅照料自己的后代或者与自己有亲缘关系的婴猴。如果照料者仅仅照料与自己亲缘相关的婴猴，那么这符合亲缘选择理论。亲缘选择理论又称汉密尔顿法则，即亲缘关系越近，动物彼此的合作倾向和利他行为也就越强烈；亲缘关系越远，则表现越弱。

其二，交配努力假说。该假说认为雌猴能够控制交配的发生，如果雄猴照料婴猴，就会获得与婴猴母亲交配的机会。

其三，冲突缓冲假说。该假说认为雄猴并不是真正在照料婴猴，而是把它作为在该雄猴和其他雄猴相互作用中的一种媒介。在这里，婴猴被雄猴当作巩固和调节与其他雄猴关系的工具，减少与其他雄猴发生冲突的可能。

除了这三种假说，另一个可能的原因是父亲对婴猴的照料是由灵长类生活在极端条件下所形成的。在极端条件下，获取食物资源非常困难，带有婴猴的母猴为获得更多的食物，必须增加取食时间，这就意味着用于照料婴猴的时间减少，那么，此时母亲就期望父亲可以照料婴猴。通过父亲携带或者照看婴猴，能够直接减少母亲的能量开支，那么母亲就能获得直接的利益。另一方面，如果父亲照料婴猴，那么母亲就不需要同时照看或者携带婴猴，因而也会提高觅食的效率。更高的觅食效率，会让母亲给婴猴提供更多的能量，从而加快婴猴发育，使得母亲更快进入下一个繁殖周期。这样反过来又提高了父亲的繁殖利益。相反，在环境条件较好的情况下，母亲对父亲照料婴猴的期望比较低。这可以解释小昌都猴群父亲照顾婴猴的原因。小昌都滇金丝猴群冬季严重缺少食物，甚至连能够食用的成熟树叶都很少。通过雄婴照料增加母猴取食的自由时间，从而减轻了母猴哺乳期间的能量压力，最终提高整个种群的存活力。

18

杀婴行为

　　一直以来美丽的滇金丝猴都给人一种温柔、可爱的形象，尤其是它们种群中的阿姨行为和母亲携带死婴更是让人无比动容。这些温馨的场景，在我们人类世界中也经常上演。可是，2007年和2009年，向左甫博士和任宝平博士先后报道出来的滇金丝猴杀婴行为，一下子颠覆了我们原有的认知。

　　2004年3月23日，向左甫博士在西藏小昌都观察滇金丝猴群时发现了一起同类相食的现象。根据他的描述，中午12：30分，一只亚成年雄猴左手携带死婴，右手抓起尸体进食。从中午12：30分到下午5：30分，这只亚成年雄猴一直携带并不时取食婴猴的尸体，并没有因为这是自己的同伴有丝毫愧疚

发怒/朱平芬　摄

之心，依旧活动如常，该移动移动，该休息休息。第二天下午1：25分，这只亚成年雄猴依旧携带婴猴尸体和其他成员在林中穿越。

向左甫博士观察到的另外一起同类相残事件发生在2005年3月14日下午1：23分。当时猴群中3只雌猴在一棵花楸树上觅食，旁边还有2只青年猴和1只1月龄的婴猴玩耍。3月正是小昌都食物短缺的时候，它们只好采摘花楸树皮和嫩芽。突然间，树枝发生晃动，一只成年大雄猴从附近的冷杉树向这边冲了过来。这只大雄猴高大、威猛，在这个猴群中仅次于最大的那一只。面对来势汹汹的大雄猴，猴妈妈立即将婴猴抱起，旁边的两只青年猴迅速向猴妈妈靠拢。随后，猴妈妈向那只突然闯入的大雄猴大声吼叫，警告它不要过来。大雄猴猛然跳到旁边的树枝上，"咔嚓"一声，体重压断了枯枝，随即愤愤地离开消失在了树冠中。大雄猴走后，猴群恢复了平静，像先前一样继续活动、觅食。

第二天中午12：26分，6只猴子（可能是昨天观察的猴群）在花楸树上觅食、玩耍。一只大雄猴（可能还是昨天那只）坐在旁边冷杉树树冠的底部。突然，大雄猴冲向觅食的猴群，一把抓住了新生的婴猴，并且咬住它。雌猴们对着大雄猴用尽全力吼叫。见状，大雄猴抓起婴猴跳到旁边的冷杉树上。那只失去孩子的母猴立即追赶，试图夺回它的孩子，但是迫于大雄猴的威势，只能眼睁睁地看着孩子被害，无功而返。此刻，婴猴的脖子上和背部溅满了血。

紧接着"惨绝猴寰"的一幕上演了，大雄猴开始进食死去的婴猴。3只雌猴继续坐在花楸树上对着大雄猴吼叫，它们无力反抗只能以这种方式进行抗争。3分钟后，大雄猴留下婴猴的遗体消失在浓密的树冠层中。10分钟后，雌猴和青年猴们才回过神来。

此后，任宝平博士在响古箐也记载了一起滇金丝猴杀婴的例子。2009年12月4日，响古箐猴群光棍单元中的一只成年雄猴大圣打败了另一个家庭的主雄猴黄毛。失败的黄毛受伤严重不久后便死去。大圣依靠武力击败黄毛仅仅是夺取其家庭的第一步。正所谓"马上得天下"，不能"马上治理天下"。对于黄毛的老婆和孩子，大圣必须使用"怀柔政策"。获胜的大圣接下来的任务就是和黄毛的老婆们建立感情，只有黄毛的老婆们接受它，它才算真正拥有这个家庭。不过，好像黄毛的老婆们对于大圣并不待见，原来家庭中的一个亚成年雌猴离开去了另一个家庭。剩下黄毛的一个老婆小美带着一个8个月大的雄婴猴，还有另外两个青年雌猴。大圣急着和小美亲热，可是带有孩子的小美并不喜欢和大圣发生身体接触。28天过去了，大圣都没有顺利和小美亲近，显得有些急不可耐。12月31日早晨7：08分，大圣径直地走到小美身边，试图亲近小美。看见大圣过来，小美立即开溜，但情急之下把8个月的婴猴丢下了。大圣又气又恼，用一只手将地下的婴猴举了起来。小美见状，立即对大圣发出威胁。紧接着，家庭里的其他雌猴也加入小美的阵营，一起怒怼大圣。面对雌性联盟，大圣自然不敢造次，只好暂时离开。可是这时，一不小心大圣手臂上的婴猴滑落了。说时迟，那时快，大圣立即用另一只手去抓掉下的婴猴，但不幸的是它抓住的是婴猴的腹部，由于用力过猛，婴猴被抓伤了。小美重新将婴猴抱起，和家庭中的其他雌猴坐在一起。此刻，大圣被孤立在一旁。9：30分，小美见婴猴伤势过重，将其遗弃在一棵杜鹃树上。下午1：30分，婴猴由于伤势过重而死去。

失去婴猴的小美仅仅在一个小时后就接受了大圣。此后，家庭里的其他雌性也接受了大圣。至此，大圣才算真正建立了自己的家庭。

动物界的杀婴行为，指动物界成年个体杀死同种未成年个体的行为。对于动物间的阿姨行为我们可以理解，可是杀婴就让人费解了。即便是动物没有文化，缺少像人类一样的感情，但是杀婴对整个种群而言也是不利的。按理这种行为在进化上是会被淘汰的，真实情况却并非如此。目前，学术界有三种假说来解释动物的杀婴行为。

其一，资源竞争假说。该假说认为婴猴的死去会给杀婴者以及它的后代提供更多可利用的资源。资源竞争假说要满足的条件是：第一，群体对资源的竞争限制了杀婴者的繁衍和生存；第二，杀婴后，杀婴者以及它的后代可以获得更好的生存条件。然而目前非人灵长类研究中没有一例支持这一假说。只有极少数的种群面临极高的养育竞争，或者杀婴成本（风险）非常低的时候才适合这一假说。滇金丝猴一年四季的食物资源相对充足，分布广泛。虽然全雄单元里的雄猴偶然会开开荤腥，抓几只红嘴蓝鹊补充下蛋白质。退一步讲，即便是雄性杀婴是为了补充蛋白质，那么雄猴完全可以去杀少年猴，这样补充的蛋白质岂不是更多，要知道成年雄猴完全具备轻易杀死少年猴的能力，所以资源竞争假说无法解释滇金丝猴的杀婴行为。

其二，社会病态假说。该假说认为灵长类中的杀婴是个体侵略性的副作用，或者是受到人为干扰引发的极端行为，并非进化上的适应。由于人为干扰导致灵长类种群生活在一个拥挤的环境条件中，使得个体产生了侵略性。要满足社会病态假说需要具备的条件是：第一，杀婴者的侵略性发生在杀婴前或者袭击婴儿的过程中；第二，杀婴行为对于杀婴者是不利的，仅仅是受到人为干扰后产生的不正常的行为。这一假说也很少有现实的例子支持，也解释不通滇金丝猴的杀婴行为。据向左甫博士观察，小昌都地区滇金丝猴的家域面积有20多平方千米，根本不拥挤，且之前也没有观察到它们的侵略行为。

其三，性选择假说。关于灵长类的杀婴的假说，最具代表性的是性选择假说。该假说认为，雄性为了使得雌性尽快和自己交配，会杀掉这个雌性和其他雄性的后代，从而实现自己的繁殖利益。这个假说需要几个条件：第一，雄性杀掉的婴儿通常不是自己的孩子也不是自己的兄妹；第二，被杀掉孩子的母亲能够尽快和杀婴者交配；第三，杀婴者有实现繁育自己后代的机会。在实际观察中，性选择假说在一个少雄多雌的繁殖群比多雄多雌群中出现的频率要高，经常伴随主雄猴替代后杀婴。滇金丝猴一般在春季生育，雌猴是严格的季节性生育动物，生殖间隔为2年。理论上即便雄性杀婴，也无法尽快繁殖，但是实际上如果雌性的婴猴死去，它的生育间隔可以提前，可在当年完成交配。有个前提是如果死去的婴猴不到6个月大，雌猴的生育间隔会提前；如果杀掉的婴猴超过一岁，雌猴很难提前繁殖。之前观察的笼养川金丝猴的例子都是杀掉不足一岁的婴猴。向左甫博士观察到的死去的婴猴尚且处在哺乳期，因此比较符合性选择假说。而任宝平博士认为其在响古箐观察到的杀婴属于意外情况，不符合任何一种假说，具体还需要更多的例子来验证。

19

求偶行为

在滇金丝猴群中，拥有家庭的主雄猴时刻面临着来自全雄单元的威胁。全雄单元中的成年雄猴通过挑战家庭单元主雄猴的地位，占领其后宫。这是组建家庭的常用方式。主雄猴位置被单身雄猴（偶尔被其他主雄猴）取代的过程，称为主雄更替。主雄猴更替如同争夺皇位。江山几度易主，王朝几回更替。千年来，世事变迁，不变的依旧是其内在的更替机制。无论多么强大的主雄猴都不可能一直把持着家庭，它们时刻面临着激烈的竞争。然而猴群中主雄猴更替，世人知之甚少。从2012年9月到2013年10月，我们组的朱平芬博士一直在云南白马雪山保护区响古箐地区观察研究全雄单元。这期间，她观察、

红唇/朱平芬　摄

研究了全雄单元和主雄猴之间关于家庭的争夺与反争夺。我们将全雄单元中试图建立自己家庭的或者已有家庭的试图扩充其后宫而前去挑战主雄猴的成年雄猴称为挑战者猴。在48起挑战者猴尝试挑战家庭主雄猴的事件中，绝大部分的挑战者猴都失败了，仅有8起事件中的挑战者猴获得了成功。主雄猴更替好似政治变革，很少有不流血的政变。在这8起成功的案例中，挑战者猴和主雄猴之间基本都发生了激烈的战斗。

在滇金丝猴群中，作为拥有家庭的主雄猴自然希望"江山永固"，它不允许全雄单元中的那些光棍雄猴们染指自己的后宫。但所谓"道高一尺，魔高一丈"，全雄单元里的挑战者猴会采取不同的策略以接近主雄猴的后宫。

它们的策略有："单刀直入"，挑战并击败主雄猴，接管它的后宫；"釜底抽薪"，挑战者猴选择避开与主雄猴的冲突，通过吸引成年雌猴离开原来的家庭，与自己组建新的家庭；"霸王硬上弓"，挑战者猴通过性胁迫绑架亚成年雌猴或年轻成年雌猴，组建自己的家庭。

7—10月是滇金丝猴的交配高峰期。每到这个时期，猴群中就会上演一幕幕上位之战。全雄单元里的成年雄猴，会挑战拥有家庭的主雄猴，抢夺它的雌性猴。而主雄猴们则要时刻警惕周边的威胁，捍卫自己的家庭。"猴事有代谢，往来成古今"，滇金丝猴的社会中，没有一成不变的王者，也没有永远的失败者。由于主雄猴更替兹事体大，挑战者猴和主雄猴的直接对决非常激烈，很多时候会受伤，甚至闹出"猴命"。知己知彼方能百战不殆，因此战前挑战者猴也会选择不同的策略，评估主雄猴的实力以及取胜的可能性。挑战者猴会评估对手在猴群中的等级以及主雄猴拥有的后宫雌性数量等。朱平芬博士在研究中发现，红唇可能是滇金丝猴雄性"是否拥有雌性"的地位象征。

滇金丝猴拥有和人类相似的红唇。人类中女性的红唇是性感的象征，一双性感的红唇极具魅惑。滇金丝猴虽然有红唇，可是年龄不同，嘴唇的红润程度是不一样的。随着年龄的增长，雄猴的嘴唇越发红润。很多时候人类肉眼的识别能力不足以发现其细微的差别。朱平芬博士把猴群雄性个体的面部正面拍下来，放到电脑中通过一种特殊的图像处理技术定量化红唇颜色的深浅，对比发现成年雄猴的嘴唇要红过青年猴。

朱平芬博士还发现，在非交配季节，全雄单元雄性的红唇和家庭单元主雄猴的红唇颜色无差异，然而在发情期，全雄单元中雄猴的红唇反而变淡褪去。发情期正是打扮靓丽"情人"约会的季节，不知它们为何如此低调。与之形成鲜明对比的是那些主雄猴们，它们的嘴唇更加红润，更加醒目。

人说察言观色，见微知著。

原来在滇金丝猴的社会中红唇是一种象征，一种拥有雌性资源的象征。如同人类封建社会中，龙的图案只有皇家才可装饰、佩戴，平民百姓一旦穿戴，那就是大逆不道。同样在特殊时期，对滇金丝猴而言红唇的变化是一种力量

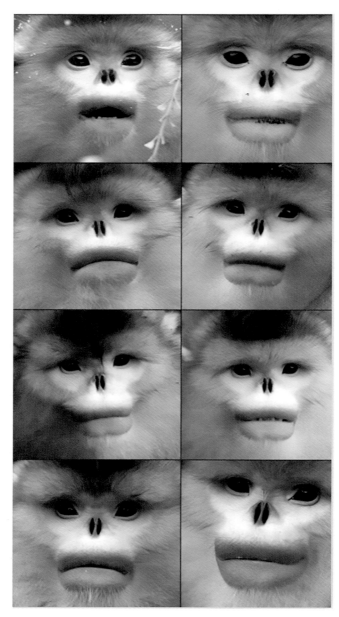

红唇变化/朱平芬 摄

的对比和生存的策略。主雄猴的红唇向那些蠢蠢欲动的光棍们传递了一个信息："竖子欺我年老，吾手下宝刀未老。"而单身汉们褪去红唇则是一种妥协，以此向主雄猴们表明"臣子诚惶诚恐，不敢僭越"。

主雄猴位置如同皇帝的宝座，即便是肝脑涂地，也不断有猴冒险。但凡造反这种极具危险的行当，少有猴子愿意大张旗鼓地进行，除非它已经拥有了无可比拟的实力。全雄单元中雄猴红唇的褪去，仅仅是一种"韬光之策"，表面上缓和与主雄猴的冲突，以此掩盖内心的冲动。这里的单身汉们明白，抢夺主雄猴的老婆，必然是一番恶斗。如果打赢了，就可以继承它的家庭以及在猴群中的权利。但是一旦输了，可能会受伤甚至死去。一般来说，滇金丝猴性情温顺，即便是争抢食物也多是仪式化的进攻，但是在主雄猴更替的过程中，它们绝不心慈手软。发情期雄猴之间的打斗非常激烈，甚至会闹出猴命来。

主雄猴更替就是在不断地失败、挑战、再失败、再挑战的过程中循环往复……很多雄猴在打斗的过程中身负重伤，甚至失去猴命，再也没有机会拥有家庭。而在每年的主雄猴更替中，失败的主雄猴境遇都十分凄惨。

朱平芬博士观察、记录到的48次主雄猴更替的战斗中，涉及7个挑战者猴和10只主雄猴。主雄猴更替战从1天持续到数天不等。在40次失败的挑战中，她观察到挑战者猴和主雄猴76次激烈的"互怼"，不过大多数是温和地打斗，有接近、盯看、咬牙齿、有限追逐。只有一次挑战者猴咬住了主雄猴，不过依旧失败了。

　　总共有8次主雄猴更替挑战成功的例子。时间主要集中在8月到次年的3月。在8次成功的挑战中，有6个家庭的后宫全部离开主雄猴，加入取胜的雄猴后宫。有2个家庭只有一部分雌性、亚成体加入胜利者。在主雄猴更替的战斗期间，没有发现雄性攻击或者威胁雌猴，家庭更替中也没有婴猴被遗弃。在8次成功的挑战中，大多数挑战者猴和主雄猴之间对决3次。在所观察到的25次激烈冲突中，15次是轻度打斗，其余10次有直接的身体对抗。和前面挑战失败的情况相比，成功的案例中挑战者猴和主雄猴之间的打斗更加激烈。

　　在挑战失败的案例中，挑战者猴倾向于以风险小、温和的方式向主雄猴发起挑战，这样即使失败也可以评估主雄猴的实力（试探性挑战）。这之后，挑战者猴会通过与主雄猴高强度、激烈的战斗来抢占其后宫。这种互动更像是挑战者猴对于主雄猴武力值的一种评估，用以识别家庭主雄猴的竞争能力，并估计成功占领它们后宫的可能性。

　　挑战者猴也会直接根据对手的外部特征来评估对手的武力值，据此推断自己和主雄猴发生冲突获胜的可能性。这些评估"战斗力"的指标有体型、体重以及毛发。人类中有"人不可貌相"之说，灵长类中的雄山魈面部的红色与它们在族群中的排位息息相关，因此它们会将面部红色作为评估个体武力值的一个线索。类似的，滇金丝猴的红唇也有类似的象征意义，主雄猴的红唇要比全雄单元里的雄猴红得多。但是我们尚不知主雄猴的红唇和等级是否存在一定关联。有了这些评估武力值的指标，挑战者猴就会据此事先评估目标主雄猴的实力。此外，在滇金丝猴的重层社会中，不同的小家庭和全雄单元一起游走、觅食、休息，家庭之间离得比较近，有机会获取主雄猴的更多信息。

朱平芬博士没有观察到主雄猴之间联合起来集体对付挑战者猴的现象。此外，在整个主雄猴更替的过程中，主雄猴的后宫嫔妃们始终保持中立，它们既不支持主雄猴，也不支持挑战者猴，更多的是坐山观虎斗，静静等待获胜的一方。在主雄猴更替的战斗中，雌性会待在觅食或者休息的地方观战。当主雄猴将挑战者猴赶走后，会主动回到雌性身边。在观察到的8例成功的案例中，所有的雌猴都接受了新来的主雄猴。在家庭交替过程中，朱平芬博士从来没有看到挑战者猴或者主雄猴对雌猴动粗。因此，雌猴可以自己选择配偶，决定是留下还是离开。如果雌猴不愿跟随挑战者猴，即便它获胜也无用。对于拥有后代的成年雌性而言，它们选择配偶的时候要多一层顾虑，如果改换门庭接纳新的主雄猴，有可能会增加杀婴的风险，反过来如果继续跟随原来的主雄猴风险就小得多。

那么，挑战者猴能否取得成功受到哪些因素影响呢？

朱平芬博士的分析结果显示挑战者猴面对等级较低的主雄猴时成功率最高，相反，面对高等级的主雄猴时，成功率就低得多。主雄猴在群体中的地位决定挑战者是否能取代它的位置。同时，朱平芬博士发现挑战者猴并不关注目标家庭的大小、组成、雌性数量等。也就是说，挑战者更关注的是成功率，而不是获得利益的大小。

挑战者猴的这种选择或许很好理解，主雄猴在群体中的地位是靠打出来的。挑战者猴如果挑战地位较低的主雄猴，受伤的可能性就比较小。此外，主雄猴地位较低的家庭中的雌猴

滇金丝猴夫妇/朱平芬　摄

更愿意加入获胜的挑战者猴。这是因为地位低的主雄猴无法带领家庭在食物丰富的地方觅食。作为其后宫嫔妃自然希望主雄猴更替，期待新来的挑战者猴可以带领它们抢占资源丰富的觅食地，这就是所谓的穷则思变。

在朱平芬博士的观察中，还有一个例子，一个家庭的主雄猴成功兼并了另外一个家庭的后宫。一般情况下，主雄猴会被全雄单元中的成年雄性或者单身的成年雄性推翻，很少出现一个主雄猴兼并另一个主雄猴后宫的现象。据文献记载，有阿拉伯狒狒（*Papio hamadryas*）和川金丝猴主雄猴互相兼并的情况。在上述疑似例子中，都是一个主雄猴（狒狒）消失后，两个繁殖家庭合并。一般挑战者猴获得家庭的主要策略是击败主雄猴，取代它的家庭。除此之外，另一个策略就是与群中几名雌猴偷偷交配。

20

雌猴
更主动

主雄猴更替之后，获胜的挑战者猴就拥有了自己的家庭，它们将会迎来猴生中的另一件大事——繁育后代。在非人灵长类中，雌性由于排卵周期和激素变化的调控，往往存在特定的发情期。它们在发情期会表现出旺盛的性欲和交配的意愿，因此雌性的发情状况对于繁殖至关重要。为了研究滇金丝猴的交配繁殖，我们组的夏凡硕士从2013年11月至2014年10月，对云南白马雪山国家级自然保护区响古箐滇金丝猴群进行了行为学观察。采用了焦点动物取样法和全事件记录法收集研究群体中成年雌雄个体交配的相关行为数据。数据主要包括邀配对象、交配过程、持续时间和回合数以及参与交配的雌雄对在交配结束后相互理毛的持续时间和回合数。研究对象包括在6个独立繁殖单元中观察到的有繁殖行为的16个雌性个体，6个全雄单元的主雄猴以及4个参与单元外性行为的全雄群个体。全年有效观察日计303天。

雌雄交配前需要"前戏"。它们之间的互动被称为邀配行为，大白话就是邀请对方交配。在得到对方回应后，交配正式开始。人类中有"男追女隔层墙，女追男隔层纱"的说法，而滇金丝猴的世界恰恰相反。由于它们是一雄多

雌猴给雄猴理毛/朱平芬　摄

雌制，在一个家庭中，主雄猴有好几个老婆，因此雌性面临竞争要更主动些。在整个交配的过程中，雌猴往往主动向雄猴发出邀配。如果没有引起雄猴的注意，雌猴依旧不会放弃。在观察期内，夏凡发现雌猴会对雄猴连续邀配。雌猴单次邀配的平均时间为7～13秒。在完整记录的103次交配行为中，由雌性邀配发动的有78次，雄性直接爬跨的

互动/朱平芬　摄

有25次。由此可知，两性均会发起交配行为，但雌性是主要发起者。雄猴若是想发起交配，会直接靠近雌猴上前爬跨。未观察到雄性向雌性邀配的情况。

如果雌猴爬伏距离雄猴稍远时，雄猴在接受雌猴邀配、进行爬跨前，会边向雌猴移动同时张嘴作为回应。交配行为多发生于猴群结束上午的取食开始午休以前，或者下午午休结束后。

交配结束后，雌猴和雄猴有时并不立刻远离对方，而是由雌猴给雄猴理毛，有时也会抱在一起休息。在103次的交配后观察记录中，雌雄之间相互理毛共47次，相互理毛行为全部由雌性个体发出，未见交配后雄性主动为雌性理毛。滇金丝猴交配后雌猴对雄猴理毛与雄性在交配中是否射精无关。交配后雌猴主动给雄猴理毛可能是雌猴对于和雄猴交配的一种回报。在此基础上，有学者建立了"互惠—交换—市场"模型来解释这一现象，认为非人灵长类个体会通过理毛来换取交配权。

21

交配策略

人类中追求异性有很多种方式，比如"近水楼台先得月"，死缠烂打，投其所好……同为灵长类的滇金丝猴在吸引异性方面也有自己的策略。前面讨论完雌猴和雄猴的交配模式，我们接下来探讨，影响滇金丝猴交配成功的因素有哪些？

人类中追求异性，有"近水楼台先得月"说法，说明距离在异性相处中的重要性。我们观察发现雌猴对雄猴邀配的成功率也受到距离的影响，距离越近成功的几率就越高。雌猴在距主雄猴2～5米范围内邀配时，成功率仅40%，而当它在距主雄猴1米以内邀配时，成功率会上升到68%。看来"近水楼台先得月"在滇金丝猴身上也同样适用。

人类中男士为了俘获女士的芳心，即便是被拒绝也会坚持下去，相信终有一天会感动对方。滇金丝猴中雌猴为了成功向雄猴邀配，它们也会连续多次发起邀配。雌猴单次向雄猴邀配的成功率为52%。相比之下，当雌猴发出连续多次邀配时，邀配的成功率可以达到79%。因此，那些聪明的雌猴会通过接近雄猴邀配、多次邀配来增加交配次数，达到自身繁殖目的或维持与主雄猴的关系。

人类中男性多喜欢年轻貌美的女子。我们在观察中发现，雄猴并不喜欢年轻的雌猴，它们更青睐于那些有生育经验的雌猴。亚成年雌猴邀配的成功率较低，约为38%，而成年雌猴邀配的成功率则达到57%，差异非常明显。雄猴选择与成年雌猴进行交配有助于其尽快繁殖并使自身繁殖利益达到最大化。亚成年雌猴的生殖系统尚未发育完善，

主雄猴给雌猴理毛/朱平芬　摄

即便雄猴与之交配，第二年产崽的可能性也微乎其微，而滇金丝猴雌性又是隔年才能生育，因此主雄猴们选择交配对象时更加慎重。那么将雌猴年龄段进一步划分后，成年雌猴中的衰老个体是否会因为生育能力低下而难以成功交配呢？由于观察的猴群缺少年长雌猴的个体，所以进一步的观察、对比有待后续研究跟进。

滇金丝猴中，雌猴有特定的发情期（秋季），而雄猴没有固定的发情期。夏凡记录到的103次交配在全年并非均匀分配。雌雄两性交配行为对季节的响应不同。即7—9月为雌猴邀配的高发期，与此同时，雌猴的交配频次也在此时间段达到高峰，而雄猴在一年四季都会交配，并不集中在某一个季节。这是因为主雄猴需要耗费大量精力守护本单元雌猴，为保证繁殖成功率，必须维持自身精子质量。雄猴的交配频次在全年无显著变化，说明雄猴并未随雌猴邀配频次的显著提高而增加精子资源的输出。稳定的射精频次可能有助于雄猴保持精子质量，减少不必要的消耗，延长自身生殖期，这符合雄猴的繁殖利益。

那么，为何雌性的邀配却集中在特定时期呢？

繁殖的季节性假说认为，生活于温带的大多数灵长类动物出现的季节性繁殖行为，是对环境温湿度、降水量、昼长、食物资源等因素变化的响应。响古箐滇金丝猴的生育期集中在2—6月，该时期正值大范围降雪减少，气温回暖，平均空气湿度增加，昼长增长之时。环境的改变有助于栖息地内食源植物迅速丰富，因此雌猴在这样的条件下产仔，有助于增加后代存活率。此外，雌雄滇金丝猴在季节变化响应上的差异，体现了两性个体对繁殖利益最大化的追求。由于雌雄繁殖成本的差别，雄猴在繁殖中的投入明显小于雌猴。对于非人灵长类而言，后代的抚育主要由母亲承担，这更加重了两性繁殖投入的不平衡，迫使雌猴通过尽快产仔来获得繁殖成功。作为严格的季节性繁殖者，雌性滇金丝猴只有在交配高峰期才可能怀孕，以确保翌年生育时有相对温暖的气候和充足的食物资源维持幼仔生存。这就是为何雌猴的邀配和交配高峰出现在交配季，这是雌猴为了增加怀孕的可能，提高幼崽成活率所采取的繁殖策略之一，符合灵长类适应季节性环境而进行季节性生育的假说。

此外，灵长类的交配并不是全部以繁殖为目的的，因此两性在非交配季的多次交配可能是一种与异性亲近的手段，目的是建立良好的交配关系，有助于间接提高繁殖成功率。雌猴多次交配的对象往往是本家庭里的主雄猴，但也有例外发生，我们称之为单元外性行为。与雌猴相反，雄猴倾向于与不同的雌猴多次交配。这种现象是由两性繁殖策略的差异造成的。雌猴倾向于尽快产仔就需要在保持自身性吸引的前提下提高与主雄猴的亲密度，所以它们倾向于和同一只主雄猴多次交配。即便是雌猴在非致孕季，也会对主雄猴频频邀配，这样可以维持与主雄猴的良好交配关系，间接实现自己的繁殖利益。

22

主雄猴
的后宫

    滇金丝猴是一夫多妻制，繁殖家庭中的主雄猴享有和家庭中所有成年以及亚成年雌猴交配的权利。如果本家庭中雌猴和家庭外的雄猴发生了性关系就是单元外性行为，通俗的说法就是婚外情。在对响古箐猴群观察期间，夏凡将观察到的单元外性行为现象全部记录了下来。

    观察期间，夏凡共记录到5次单元外性行为，其中2次是雌猴主动向全雄单元里的雄猴发起邀配，另3次是由全雄单元雄猴发动的交配，家庭单元中的雌猴接受爬跨。这5次单元外性行为有4次发生在非致孕季，1次发生在交配季。记录到的单元外性行为均发生于猴群分散取食、主雄猴相距较远时。如果单元外性行为被主雄猴发现，主雄猴会驱逐、追打参与交配的雄猴，但未见其对雌猴有攻击行为。

在人类社会中，婚外情不仅会破坏夫妻间的感情，还会受到道德的谴责。然而，我们虽然不能以人类社会的标准来看待滇金丝猴的社会，可是滇金丝猴中为何会有单元外性行为呢？

雄猴打架/朱平芬 摄

在滇金丝猴中，雌猴与单元外雄猴（一般是全雄单元里的雄猴）交配，可以增加自身的繁殖成功率，一定程度上避免了近亲繁殖，因此，单元外性行为是有利于雌猴的。但对于繁殖家庭中的主雄猴而言，其家庭中雌猴的单元外性行为意味着资源外流，是不利于主雄猴自身繁殖的。

为了避免单元外性行为的发生，雄猴要做好两方面的准备。其一，打铁还需自身硬，主雄猴通过性吸引的方式来维持交配权。非人灵长类动物中的雄性会通过多种特殊的声音、表情、动作等吸引雌性前来交配。其中，通过改变面部颜色来吸引雌性就是最典型的例子。雄性滇金丝猴红唇的变化是否具有性吸引的功能，还有待于进一步研究。其二，主雄猴通过驱逐其他雄性，威胁本单元雌性来阻止或打断单元外性行为的发生，也是主雄猴维持交配权的重要手段。夏凡观察到的5次单元外性行为中，有2次被主雄猴发现并且主雄猴会驱逐、追打参与交配的雄猴。雄性滇金丝猴的主雄猴维持机制符合攻击来犯者的假说。

然而，即便是在主雄猴的尽力维持下，结构松散的后宫中仍会出现雌性迁移。观察期内，研究群原断手（研究人员给主雄猴的命名）家族的3个雌猴和红脸（研究人员给主雄猴的命名）家族的1个雌猴离开了原来家庭，跟随红点（研究人员给主雄猴的命名）组成了新的繁殖家庭。这种非主雄猴替换引起的雌性迁移，体现了重层社会中的

婚外制是有利于回避近亲繁殖，增加雌性自身的繁殖机会
的。由于对上述观察群的观察期仅一年，对参与交配的雌
性个体翌年的生育状况缺乏跟踪了解，因此雌性迁移对相
关个体繁殖结果的影响研究尚需进一步的观察和数据
积累。

叁

Spirit

of

the

Forest

川金丝猴：优雅的绅士

1

川金丝猴
在哪里

　　川金丝猴是五种金丝猴分布最广和种群数量最大的，主要栖息在亚热带和温带的四川、甘肃、陕西和湖北四省的偏远山区的落叶阔叶林、针阔混交林及亚高山针叶林中，种群数量25000只。为了保护川金丝猴，我国先后建立了38个自然保护区，保护区总面积10912平方千米。由于在社会结构和行为习惯方面，川金丝猴和滇金丝猴以及其他几种金丝猴具有高度的相似性，因此本章节我们只讨论川金丝猴行为特殊的一些地方。

古代用金丝猴猴皮制作的坐垫

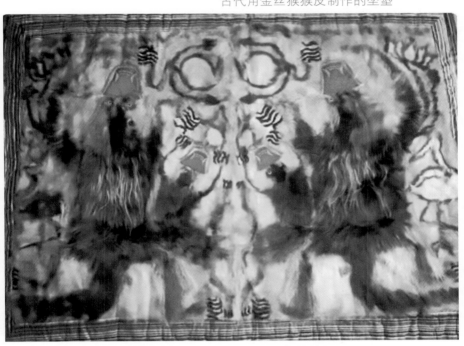

2

越冬的
策略

全球的非人灵长类动物中94%分布在热带地区，那里终年高温，食物充足，动物们不用为越冬担心。而生活在温带地区的二十多种灵长类动物就不同了，冬季它们需要忍受温带地区低于-10℃的考验。这些生活在温带的灵长类动物中，川金丝猴是分布最北的疣猴亚科动物。栖息地不仅分布位置靠北，海拔还比较高。川金丝猴常年生活在海拔1500～3300米的温带高山森林中。这无疑加剧了它们冬季的煎熬。秦岭山脉是川金丝猴种群分布最靠北的地方。它们要在这里忍受寒冷而漫长的寒冬，要在气温低于-20℃的环境中度过长达5个月之久的时间。冬季带来的不仅是寒冷，还有食物匮乏的考验。万物凋零，生活在这里的川金丝猴只能依靠树皮、松萝、地衣过冬。在严寒的环境下，这些低能量的食物如何满足它们的生存需求，这一直是个谜。为了破解这一学术难题，西北大学李保国、郭松涛教授带领的灵长类研究团队常年深入猴群，解开了这一谜底。

冬季对于所有温带动物来说都不得不面临一个能量收支考验。一方面冬季食物稀缺，可以获得的能量有限，另一方面冬季需要消耗更多的能量来抵抗低温。为应对这种情况，动物们不得不在"开源"和"节流"上下功夫。日本猕猴在冬季选择了节流模式，它们通过减少活动降低食

川金丝猴抱团取暖

物的消耗。而金丝猴采取了截然不同的策略，它们在冬季反而更加活跃了，要消耗两倍于春季的能量。那么这些能量从何而来？

孟子曰："适莽苍者，三餐而反，腹犹果然；适百里者，宿舂粮，适千里者，三月聚粮。"由于冬季食物短缺，川金丝猴不得不面临能量"赤字"的问题，因此，它们要想度过5

游走

个月的寒冬，就不得不在夏季和秋季提前"备粮"。李保国团队观察发现，川金丝猴会在春季和秋季摄入更多的碳水化合物，并将多余的食物热量以脂肪的形式存储下来。这些储存的脂肪就是它们冬季的"备粮"。研究者发现由于冬季需要额外的能量调控体温，使得川金丝猴面临一定的能量赤字。而川金丝猴应对这种能量收支短缺的主要策略是在食物充足的夏季和秋季摄入更多的碳水化合物和脂肪并以脂肪组织的形式存储在体内，冬季时通过燃烧定量（102 kJ/mol）的储存脂肪（体重下降14%）来补偿这种能量赤字。

　　研究人员以生活在周至国家级自然保护区内的川金丝猴猴群为研究对象，利用气象仪测定了猴群栖息地内的温度和降水情况，使用红外热成像仪和体重秤分别记录了不同季节川金丝猴的体表温度和体重数据，结合不同营养物质摄入、体重变化、体表热散失、能量摄入和能量消耗、行为分配等研究发现，整个冬季川金丝猴体重要下降14%，它们通过燃烧脂肪来弥补能量赤字。要知道单位质量脂肪释放的能量是蛋白质的3倍。

　　此外，川金丝猴也在能量节流上做了点文章，它们采取了一系列的行为策略（包括减少移动时间和增加休息时间）和生理调整（通过皮肤血管收缩减少热量损失而使皮肤温度平均降低3.2℃）来减少热散失和能量消耗。

　　川金丝猴燃烧身体脂肪的确可以满足冬季的不时之需，但是这还不足以让它们度过漫长的冬季，它们依然需要摄入新鲜的食物来弥补能量的消耗。冬季川金丝猴的食物源来自树

过冬

皮、嫩芽以及松萝。这类食物属于高纤维类，如何从此类食物源获取营养对消化系统是一个考验。一般来说，摄取高纤维食物的动物，都有一个特殊的消化道，比如牛的瘤胃。为了消化吸收高纤维的食物，疣猴亚科下的灵长类动物会进化出膨大的、多囊的胃。但不同于这些灵长类动物，川金丝猴依然采取了自己的消化策略。

李保国团队研究发现，川金丝猴通过同时启动前后肠道消化功能，在冬季互补降解和榨取高纤维食物中的能量，以此最大限度地吸收高纤维食物中的营养物质。这个过程中，川金丝猴的胃和盲肠与其他疣猴一样，体积并没有异常，但是其进化出了更大的大肠，且前后肠都具有消化纤维的活性酶。

除了这些活性酶外，川金丝猴肠道还有一个庞大的微生物工厂，帮助宿主（川金丝猴）从食物中提取能量和营养物质。对川金丝猴肠道微生物研究发现，它们前肠的细菌种属较少，细菌之间联系更紧密，正向协同关系更多，说明前肠的微生物群落功能可能更加专一和高效。与前肠不同，后肠的微生物多样性更高，且有更广泛的代谢功能，可以补充前肠的代谢。就这样，川金丝猴通过前后肠的互补协同作用充分提高了对营养成分的吸收。

此外，研究者应用营养几何模型来综合分析川金丝猴的营养调节模式，提出了一个区分定性约束、定量约束和伪约束的营养模型。其中营养摄入类似于对定性资源约束的响应，但实际上是由营养需求的变化驱动的。研究者收集并使用该模型分析了野生和笼养条件下的川金丝猴个体164天的全天取食数据，结果表明，尽管在可用资源方面存在巨大差异，但圈养种群和野生种群在营养模式上表现出明显的相似性，包括在夏秋两季的摄取量和主要营养物质的摄取量、比例均难以区分。与脂肪和碳水化合物不同季节的摄取量波动较大相比，川金丝猴全年蛋白质摄入的维持能力更加稳定，即所谓的"蛋白质优先"营养模式。研究者认为，这种方法可以提高生态研究中对"资源限制"的定义及判断的分辨率。

3

川金丝猴
求偶

　　"问世间情为何物，直教人生死相许。"动物界虽没有人类世界的凄美爱情，但动物的求偶也是一件极重要的大事，丝毫不敢马虎。对于哺乳动物来说，大多数的情况都是"男追女"，那么雄性动物如何在求偶中胜出呢？达尔文在性选择理论中提出：其一，种内竞争，即种内的同性别个体为了追求异性而展开的争斗；其二，种间竞争，即为了获取异性的青睐而展开的竞争。比如，雌孔雀喜欢长尾巴的雄性，那么雄孔雀为了获取异性的青睐，在长期的进化中会让自己尾部变长。

　　在性选择的压力下，为了求得异性的青睐，动物们进化出五花八门的本能，具体来说体型、等级、纹饰、武器、社会技能、经验等许多特征都影响着雄性求偶的能力。江湖上有句话"拳怕少壮，乱拳打死老师傅"。对于雄性求偶来说，年龄是一项重要的竞争性指标，且如体型、等级、毛色等上述指标都和年龄有关系。那么年龄能否作为一种直接因素受到异性的选择呢？这在金丝猴种还是一个未解之谜。

李保国教授团队经过多年的观察，发现川金丝猴的求偶异常精彩，它们的世界也充满了婚外恋、离婚、再婚

川金丝猴/赵序茅　摄

（雌性迁移）等。

一般来说，川金丝猴雄性在大约7～8岁时逐渐获得雌性，成为主雄猴。主雄猴在达到壮年之前拥有后宫嫔妃的数量随着年龄的增加而增加。当然也不是越老嫔妃越多，后宫嫔妃的数量在主雄猴12岁左右时达到顶峰，随后嫔妃数量就开始走下坡路了。主雄猴拥有嫔妃的数量总体上呈现一种"∩"形关系。与其他年龄段的雄性相比，壮年雄性（10～15岁）更有可能成为主雄猴，并且拥有更多的后宫嫔妃。

发生单元性行为时，雌性会更多地考虑壮年雄猴，而忽略那些年轻的潜力股。这和雌雄的生殖竞争有关，对于雌性来说，它看重的是后代的质量，因为它们一生中能够生育的后代数量有限。在后代数量无法增加的情况下，保证后代质量是实现生殖利益的不二法门。雄性则相反，它们实现生殖利益的最佳途径就是多生，因为精子的成本几乎可以忽略，只要和更多的雌性交配就可以达成这一目标。

对于那些再婚的雌猴，它们往往会选择离开年龄大的主雄猴，而选择年轻点的"小鲜肉"（7～9岁）。尽管这些小鲜肉在群体中的等级比自己的前夫低，但对于再婚的雌猴来说，年龄的优势完全可以弥补等级的劣势。

4

川金丝猴
奶妈

　　孟子曰："老吾老以及人之老，幼吾幼以及人之幼。"在落后的地区，很多贫困家庭的孩子是吃百家饭长大的。当资源短缺的时候，只有互相帮助才能存活下来。然而，这种"幼吾幼以及人之幼"的现象不仅在人类社会中存在，在灵长类社会中依然存在。在动物学中有一个专有的名词——异母哺乳来描述这种现象。

　　首次报道经常性的异母哺乳行为存在于旧大陆猴中。向左甫团队自2012年开始在湖北省神农架国家公园大龙潭研究基地进行这项研究，扩展了异母哺乳行为在灵长类动物分布的新类群，使得异母哺乳行为在原猴、新大陆猴、旧大陆猴，以至于人类等不同类

川金丝猴母子/赵序茅　摄

群都有出现。

　　想要得知川金丝猴是否存在"异母哺乳",首先要能认识群里的每一只猴子。对于外行来说,每一只猴子都长得差不多,很难做到个体识别,做到个体识别需要长期的观察。该研究基地有一群90只左右的川金丝猴,向左甫团队从2006年开始对该猴群进行研究,研究人员能够识别群内所有年龄大于3岁的个体。向左甫博士表示,川金丝猴出生基本集中在每年的3—5月这一时间段,由于婴猴被毛颜色、

川金丝猴母子

体型相似，不容易识别，因而对于是否存在异母哺乳行为最初没有关注。2011年春季，偶然发现一只母猴同时给两个婴猴喂奶后，研究团队仔细观察了群内川金丝猴的哺乳行为，发现异母哺乳行为比较普遍。

向左甫博士团队在随后展开的连续5年、经过5个产仔季的实地观察中发现，46只川金丝猴婴猴中有40只（87%）是由一只或多只非亲母猴哺乳的，46只婴猴中有22只（48%）是由另外至少两只母猴哺乳的。异母哺乳这种行为主要发生在婴猴出生后的前三个月。46只婴猴中只有6只完全没有接受异母哺乳，这6只中的4只在寒冷的冬季死亡。相较而言，在接受过至少一只非亲母猴哺乳的40只婴猴中，只有6只最终死亡，死亡率大幅降低。

异母哺乳其实也是不得已而为之。川金丝猴一般生活在海拔较高的温带森林中。这里冬季极度寒冷且长达5个月，食物供应也有很强的季节性变化。异母哺乳行为或能帮助婴猴对抗不利的生存环境，为婴猴出生后快速发育提供能量支持，使之身体在严冬来临之前达到良好的发育状态，顺利度过极端低温和食物短缺的冬季。该行为也可能为大脑快速发育提供能量支持，促使金丝猴属动物的脑容量相对较大。一般来说，异母哺乳这种行为只发生在婴猴出生后三个月或更短时期内，而当婴猴开始取食自然食物后则几乎停止。

当然，异母哺乳也不是随随便便一个母亲就会给小猴喂奶，它们也是有条件的。川金丝猴异母哺乳基本上遵循两个原则：亲缘选择和互惠原则。所谓的亲缘选择，是指这些行为发生在具有血缘关系的个体之间。这个很好理解，根据道金斯《自私的基因》介绍，我们不过是基因的载体，是基因的奴隶，和自己的亲缘有共享的基因，因此帮助亲戚的孩子本质上是帮助我们自己。川金丝猴社会奉行雄性外迁的原则，雌猴可以一直留下。因此，猴群中的亲缘关系非常普遍，这就为异母哺乳的发生奠定了血缘基础。

另一个原则就是互惠原则，如果没有亲缘关系或者亲缘关系比较淡，异母哺乳的话需要接收方给予回报，这类似于互相帮忙。大约90%的母猴（28只中有25只）在当前或之后的一年里，会对曾经哺乳过自己婴猴的其他母猴的幼崽给予母乳喂养，类似于"报答"。

向左甫博士认为：异母哺乳行为出现在具有亲缘关系或者互相合作的雌性之间，而且母亲会允许其他雌猴在婴猴发育的早期与其接触，这种行为是人类进化早期出现婴儿—母亲—异母照料关系所必需的，因此该研究也为理解人类进化提供了新视角。

5

川金丝猴
面对死亡

在秦岭的北坡，陕西省周至国家级保护区里生活着一群川金丝猴（135～145只）。它们分属于12～15个一雄多雌的小家庭和一个全雄单元。在这群猴子中有一个小家庭，其中的主雄猴叫朱八弟，它有4个妻子、2个亚成年孩子、2个婴孩。李保国团队长期对这群猴子进行跟踪监测，观测到了朱八弟在一个妻子死去前后的具体行为。

"清明时节雨纷纷，路上行人欲断魂。"清明时节的人们纷纷祭奠逝去的亲人、朋友，表达哀思，缅怀过去。这些行为是人类所特有的吗？近年来，科学家们开始观察灵长类动物在同伴濒死或死亡后的行为，这些研究对探讨灵长类动物乃至人类对死亡的认识有着重要的意义。下面是观察团队对川金丝猴群对朱八弟的一个妻子——大美死亡反应的记录。

2013年12月17日13：06分，朱八弟的妻子大美徘徊在猴群的周围，偶尔发出叫声。大美的身体有些虚弱，已经离开家庭三天了（平日里川金丝猴以家庭为单位生活）。全雄单元中的猴儿们看见大美独自一猴，想要接近它，但是没有一只能靠近它5米之内，大美不允许它们接近自己。13：12分，正当大美在地上觅食的时候，它的夫君朱八弟过来了，走近了大美（1米之内）。朱八弟轻轻地抚摸了大美的手臂，并向附近的光棍猴发出警告。13：28分，朱八弟将大美带回家和家庭成员们团聚。2分钟后，大美爬上了一棵大树，爬了约25米。朱八弟紧随其后，轻轻地为大美理毛，家庭其他成员也在树上，偶尔看看大美。

14：05分，大美突然从树上掉了下来，在落地的时候，头部撞到了石头上。随后它一动不动地躺在地上，身体抽搐，发出微弱的呻吟。朱八弟和家庭其他成员立即发出"jia——jia"的警报声，随即从树上下来围在大美身边。它们走近大美，在一旁凝视着它，在它脸上嗅，给它理毛，给它拥抱，并且轻轻地推它的手臂，偶尔发出警报和亲切的呼唤。其他家庭的猴子远远地观望着这一切。另一个家庭的一只亚成年猴和一只婴猴试图接近大美，朱八弟发出警告，它们只好快快退去。朱八弟和它的其他妻子继续坐在大美身边，不过，这些成年雌猴开始互相理毛，而朱八弟仍然看着大美，轻轻地抚摸它，给它理毛。此时，

家庭中的其他亚成猴和婴猴们开始离开、
玩耍。

15：35分，猴群中的一些成员相继离开
这块区域，大美站起身来想跟着一起走，可是
走了几步就跌倒了，随即死去。家庭中除了朱
八弟外，其他猴儿没有再接近大美，其他雌猴
只是时不时回头看看。朱八弟继续留在大美身
边，它轻轻地触碰大美，反复地推它的手臂。
随后，朱八弟沿着其他猴儿行进的方向慢慢走

川金丝猴玩耍

了，但不时回头看看大美的尸体。15：44分，朱八弟停下来坐在河边上，一边凝视50米外大美的尸体，一边观望其他猴儿离开的方向。5分钟后，朱八弟离开了。17：00分，护林员移走了大美的尸体并将其埋在1公里外的地方。第二天早晨，猴群回到了大美昨天死去的地方。朱八弟在大美死去的地方来回徘徊，并在附近坐了2分钟。

川金丝猴青年猴/赵序茅　摄

灵长类动物对死亡同伴的态度受很多因素影响，比如同伴死亡的原因、生前和群体的社会关系以及所在的社会组织类型。大美是 2010 年 10 月加入朱八弟家庭的，它们在一起生活了 3 年，建立了深厚的感情（社会纽带）。2012 年 3 月，大美为朱八弟生下了一个婴猴。正是这种关系使得朱八弟对临死的大美照顾有加。这种行为在黑猩猩中也有类似。

朱八弟和家庭的其他成员在大美临死之时发出的警报声通常是为了应对危险的，比如天敌接近。大美突然从树上掉下和临死前不正常的举动，引起了家庭中其他猴儿的恐慌和焦虑，因此它们发出警报。在黑猩猩中，原因不明的死亡和由明显的伤害导致的死亡所引起的反应不同。科学家曾观察到，在一只狒狒死亡时，路过的狒狒仅仅是关注了下。这和大美临死前的境遇是类似的——仅有本家庭的成员表示关切，其他家庭的成员并不在意。

虽然朱八弟家庭成员都对临死的大美亲近、友好，可是只有朱八弟在大美死后依旧没有离开，继续照顾。朱八弟的举动支持一个假说——与死者越亲密的个体，对死者表达的同情心越强烈。朱八弟的行为以及其他文献的报道表明：当垂死的个体和幸存者建立了情感纽带时，这种同情心就会表现出来。对死者的同情和照顾至少不是人类特有的。

生离死别一向是文学作品中最催人泪下的情节，动物是否也有着类似的情感？目前，关于动物情感的研究多是通过大量的观察和感受，很少是在控制实验的基础上得到的。虽然很难量化动物对死亡的认知程度，但从动物面对死亡同伴的表情和行为中，我们没有理由怀疑动物也有着丰富的内心世界，它们或许缺乏表达悲痛的语言，但在死亡面前的悲伤、不舍等情感却可能是人和动物共有的。

6

礼貌的
川金丝猴

2022 年 8 月，网上一段视频火了：一只川金丝猴蹲坐在路边看人来人去，当有游客主动递给它苹果的时候，它才有礼貌地接过来。它宁愿吃树叶也不会主动伸手抢游客的食物。网友不禁感叹：这猴真有礼貌，真不愧是猴中贵族。

当人们称赞川金丝猴的举止礼貌之时，还不忘调侃一下某山上的藏酋猴。那里的藏酋猴可谓是凶残而蛮横，一旦进入景区，轻则抢劫食物，重则袭击人类。同样是猴，藏酋猴和川金丝猴相比，差距怎么那么大咧。

我们需要明白的是，无论是视频中礼貌的川金丝猴还是蛮横的藏酋猴，它们的表现都已经不是猴的本性了，而是人类习惯化的行为。

川金丝猴/赵序茅　摄

所谓的习惯化是指让动物习惯人类的存在。无论是川金丝猴还是藏酋猴在野外的状态都是非常害怕人类的，它们把人类当成天敌。

比如野外的滇金丝猴一旦发现人类，会立即发出"jia——jia——jia"的警报声，然后猴群就会立即进行转移，和遇到天敌的表现如出一辙。

由此也为研究人员研究猴子带来了一个烦恼：在野外，人类想要接近野生猴群非常困难。为了长期跟踪研究猴子，科学家们首先要想办法让猴群习惯人类的存在，这就需要派遣一两个人长期跟踪猴群。

开始的时候，猴群遇见人类依然躲避，时间长了，猴群发现人类对它们并没有敌意，于是渐渐习惯了人类的存在，这便是猴群习惯化的过程。经过习惯化的猴子就不再害怕人类。景区的猴子就属于这种类型。

那么，同样是经过习惯化的猴子，川金丝猴为何表现得与藏酋猴不同呢？

这首先要从二者的食性说起。

有网友讲到："川金丝猴宁愿吃树叶也不会主动伸手抢游客的食物。"这句话就形象地概括了川金丝猴的习性。

川金丝猴属于猴科疣猴亚科仰鼻猴属，这个亚科的猴子通常以植食性为主。在长期的植食性适应性进化中，川金丝猴可以消除植物次生代谢产物的毒性，其嗅觉基因善于感知水果、植物等气味。

反观，藏酋猴属于猴科猴亚科猕猴属，是猕猴属中个体最大的。藏酋猴食性复杂，通常以取食枝叶、果实、树根等为主，也取食某些昆虫。

此外，从社会结构上看，川金丝猴与藏酋猴也有所不同。相比于藏酋猴属于多雌多雄的社会结构，川金丝猴属于重层社会，这在灵长类中属于比较高级的社会形式。这种社会结构相对稳定，在非繁殖期内群体中个体的竞争压力相对较小。

为什么藏酋猴总爱抢人的东西？

经过习惯化之后，按说应该和人类友好呀，为什么新闻中经常报道藏酋猴抢劫人类？其实，猴群抢劫人类也是出于无奈。猴群出现抢劫行为一般要满足两个条件。

其一，与人类距离近。这个很好理解，生活在深山老林的猴子根本见不到人类，何谈抢劫？

其二，猴群中青年猴的比例比较高。猴群是分等级的，这个等级在群体中一般有两个表现：一是交配权，二是对食物的占有权。前者基本上和人类无关，我们重点说后者。

青年猴在猴群中的地位比较低，表现在食物的占有权上就是——没有资格到食物最丰盛的地方觅食，因为那些地方通常被高等级个体所占有。

中国有句老话叫"穷则思变"。当这些年轻的猴子没有机会享受丰富食物的时候，它们往往具备开拓精神，寻找新的食物来源。这个时候加上第一个条件，一些猴子就会把目光盯在人类的食物上，于是就发生了猴子抢劫人类的行为。

当然抢劫也不是那么容易的。我们在很多地方见到这样的场景：藏酋猴敢抢劫游客的东西，但是看到穿制服的护林员就立即逃之夭夭。这很可能是猴子的一种学习行为。

学习行为有个补偿假说，就是当学习一种新的行为能够带来的收益超过原来的行为，那么就愿意进行学习。比如，猴子抢劫游客的食物，游客一般是不敢进行反抗的。这种行为得

藏酋猴/陆千乐 摄

敬礼的藏酋猴/赵序茅　摄

到的回报远高于自己在野外寻找食物，那么这种行为就能继续下去。

反之，当猴子抢劫护林员的时候，不仅得不到食物，还会挨揍，得到的收益远低于野外觅食，于是它们便不会抢劫护林员。

当然，也并非所有的藏酋猴都如此野蛮。四川就有一只会敬礼的藏酋猴。当它向游客敬礼的时候就能获得食物，久而久之，它见了游客就行猴礼。

　　说白了，敬礼也好，抢劫也罢，都是为了活着。猴生不易，且行且珍惜！

肆

Spirit

of

the

Forest

黔金丝猴：世界独生子

1

黔金丝猴的
习性

黔金丝猴，又名灰仰鼻猴、白肩仰鼻猴，因雄猴尾巴形似牛尾，又被民间称为牛尾猴。黔金丝猴是目前现存金丝猴中最原始的一种，体形似川金丝猴和滇金丝猴，鼻孔上仰，吻鼻部略向下凹，脸部皮肤裸露，呈灰白或浅蓝色，眉毛、胸部以及上肢的内侧面具有金黄色毛发。雄性的颜色比雌猴以及未成年猴的颜色鲜艳，未成年猴毛发呈现不同程度的灰白。

黔金丝猴目前只分布于贵州省东北部的梵净山国家级自然保护区。保护区位于贵州省铜仁地区的松桃、印江和江口三县交界处，面积约419平方千米。根据出土的化石标本和文献记载，黔金丝猴曾经广泛分布在贵州省的中部、北部和东北部等地。在中国古代，金丝猴被称为"狨"，至于"狨"是指哪一种金丝猴还需要考证和推敲。但是，结合古代对于"狨"的记载和现在金丝猴的分布，可以大致推断每个地区记载和描述的是哪一种金丝猴。《大明一统志》一书中"播州宣慰司"条记载："狨，州县俱产"。播州就是现在的遵义市，下辖赤水市、仁怀市以及绥阳、桐梓、溪正安和道真各县。1897年的《平越直隶州》一书的"物产"章节中记载了贵州中部的福泉市、瓮安县以及湄潭县和余庆县有"狨"的分布。1929年的《桐梓县志》一书中也有关于"狨"的记载。这些记载说明贵州北部地区可能很早就有金丝猴分布，且可以推断出该金丝猴

黔金丝猴/李明　供

为黔金丝猴。

中国古人对于黔金丝猴并不陌生，但是为其科学命名的却是外国传教士。1903年英国传教士汤姆逊（Thomas）在贵州梵净山采集到黔金丝猴的皮张，随后据此定名。然后在随后的50多年时间里，很少有人再关注黔金丝猴的状况。直到1960年，中国科学院动物研究所的全国强先生赴梵净山调查，发现该地区依然有当地人俗称的"牛尾猴"活动。自1975年开始，贵州师范大学生物系的谢家骅教授、周江教授开始了对黔金丝猴的系统性研究。梵净山国家级

黔金丝猴/曾祥乐　摄

自然保护区管理局原局长杨业勤先生和中南林业大学的向左甫博士等也先后对这一物种进行了种群数量、取食生态学和种群遗传学等方面的研究。20世纪80年代，陆续有关于黔金丝猴分布、生态及生物学方面的资料出现。

黔金丝猴的社会结构和行为习性与其他几种金丝猴类似。它们生性机敏，能攀善跳，集群活动，主要栖息在海拔1000～2000米的常绿阔叶、落叶阔叶混交林中。黔金丝猴夏季常活动在海拔2000米左右的高山上，冬季则下到1000米左右的低海拔山沟觅食。猴群的日移动距离根据季节而变化，在食物较为丰富的4—6月份，黔金丝猴的日移动距离为1000～2000米；到了10—12月份秋冬季节，日移动距离上升为4000～6000米。黔金丝猴食性较广，取食多种植物的叶、芽、果实以及嫩树枝、树皮、地衣、真菌、昆虫、各种鸟蛋以及矿物土壤等。

黔金丝猴在全年都有交配活动，但受孕和产仔期基本固定。一般，受孕主要集中在9—10月，产仔基本集中在4月。在自然条件下，雌猴应该在6岁以后才进入生育期，而雄猴10岁左右才能够进入群体参与繁殖。

人类活动的干扰、栖息地面积的缩小加上保护区地形复杂，给黔金丝猴保护和研究工作带来了许多意想不到的困难。

2

"世界独生子"
竟是杂交的产物

但看这黔金丝猴黑黄相兼的毛发，且具有川金丝猴和滇金丝猴的特征，那么，它们之间有没有什么关系呢？物种的形成属于达尔文的谜中之谜，吸引着无数的进化生物学家进行探讨。

这还得从它们的进化起源说起。金丝猴属是灵长类中典型的快速适应辐射类群，在很短的两个百万年内便分化形成了形态各异的 5 个近缘物种。之前，李明老师研究组就曾提示金丝猴属物种发生过种间杂交事件。

杂交作为物种形成的一个机制，可以直接导致新物种及新表型的快速产生，是物种多样性和表型多样性形成的重要演化机制。之前的研究表明：植物、鱼类、昆虫、两栖

黔金丝猴

爬行类及鸟类等物种中都存在杂交形成的物种。不过，哺乳动物中的杂交物种形成案例则仍未见报道。

于是，中国的进化生物学家们将目光投向了金丝猴属，其一，金丝猴属属于快速进化辐射类群，这种类群具备杂交的潜力；其二，黔金丝猴的毛色具备川金丝猴和滇金丝猴的特征，因此具备杂交的可能性。为此，云南大学于黎研究员团队开展了对金丝猴属快速物种形成及表型多样化演化机制的研究。

研究发现，这个有着"世界独生子"之称的黔金丝猴确属于杂交的产物，证据如下：

其一，如果黔金丝猴属于杂交物种，那么它体内必然含两种猴子的遗传物质。基因组的数据揭示：黔金丝猴基因组存在大量遗传混合信号，其中约70%左右的遗传组分来自于川金丝猴，30%来自于滇金丝猴、缅甸金丝猴祖先群。这表明黔金丝猴可能是一个杂交起源物种。

其二，如果黔金丝猴属于杂交物种那么它身体的某种特征，比如毛发，会保留亲本猴子的特征。因此，对黔金丝猴物种身体多个部位毛发色素含量进行测定、比较和分析，结果表明黔金丝猴身体不同部位分别保留了亲本特有的毛色类型而呈现出整体黑、黄毛发斑块化分布的模式。其中，黄色的毛色板块来自于川金丝猴，黑色的板块来自滇金丝猴和缅甸金丝猴。进一步研究，发现黔金丝猴基因组中分选、重组和固定了大量亲本间高度分化的正选择基因；而其中一些细胞色素化基因的突变位点在进行功能实验后发现确实存在功能上的显著差异。这一结果提示，杂交起源的黔金丝猴通过对不同毛色的亲本色素化基因的分选和固定而产生出其独特的混合毛色特征，这种显著差别于两个亲本的形态特征也可能促进了与亲本合子前隔离的建立。

其三，研究发现很多与哺乳动物生殖性状密切相关的正选择基因在黔金丝猴基因组中也经历了分选和固定。这表明黔金丝猴通过对两个亲本特有生殖相关性状的重组或协调而实现与两个亲本合子后隔离屏障的快速建立，确保其独立演化。

那么，黔金丝猴是什么时候杂交而来的呢？

系统发育分析、基因组杂交信号检测及基因组模拟进一步证实了黔金丝猴的杂交物种形成演化历史。研究结果表明，187万年前正是金丝猴属分化初期，其中川金丝猴祖先群与滇金丝猴、缅甸金丝猴祖先群发生杂交，导致如今黔金丝猴的形成。

该研究首次揭示和报道了种间杂交导致灵长类新物种形成及新表型快速产生的案例，提示我们远远低估了杂交物种形成作用机制在哺乳动物物种及表型多样性演化中的重要作用。

伍

Spirit

of

the

Forest

缅甸金丝猴：最晚被发现的金丝猴

1

缅甸金丝猴
的发现

缅甸金丝猴在国内也被称为怒江金丝猴，是全球五种金丝猴中最晚被发现的。早在缅甸金丝猴被科学发现和命名之前，中国当地的老百姓就对这种猴子非常熟悉。据老百姓的形容，此猴全身毛发黝黑、鼻孔朝天、攀爬如飞。它在当地傈僳语中也被称为猕阿，意为鼻孔朝天的猴子，因为全身体毛呈黑色，一些百姓又把它称为"黑猴子"。缅甸金丝猴分布在中国和缅甸的交界处，但遗憾的是并不是由中国首先科学发现，因此我们没有该物种的命名权。

2010年初，野生动植物保护国际的科研人员在缅甸克钦邦东北部进行灵长类动物调查时，意外收集到一具灵长类的皮毛。此猴最显著的特征是鼻孔上仰，这让科研人员比较困惑。灵长类动物中，只有仰鼻猴属具有仰鼻的特征，但是此猴和仰鼻猴的其他种——川金丝猴、滇金丝猴、黔金丝猴、越南金丝猴相比，又存在很多毛色上的区别。除了仰鼻外，此猴几乎全身披黑毛，仅耳、嘴唇、会阴处毛发为白色，头顶、脸颊、喉、上臂、腹部等处毛发为深棕色或浅棕色。脸部皮肤和唇部的颜色类似滇金丝猴，为淡粉

缅甸金丝猴/李明　供

红色，但毛发不如滇金丝猴和川金丝猴那样厚实。成年雄性不像川金丝猴有明显的嘴角瘤状突起。它们尾部很长，可达到头体长度的140%。经过科学鉴定，此猴是灵长类动物的新物种，属于仰鼻猴属，是世界的第五种金丝猴，中国的第四种金丝猴。

2010年10月26日，世界灵长类动物研究的权威刊物——《美国灵长类学报》正式确定这一新物种。按照物种命名的规则——属名+种名，种名一般是发现者的名字。此猴的学名为 *Rhinopithecus* Strykeri，其中种名 Strykeri 是为了纪念乔恩·斯瑞克（Jon Stryker）。他是世界野生猿类研究基金会的创始人，资助了此次缅甸灵长类项目调查。因为在缅甸发现，该物种又被称为缅甸金丝猴。

缅甸金丝猴的发现地位于缅甸与中国交界的地方，在中国境内是否也有分布呢？当时中国灵长类专家并不知晓。为了探明中国境内是否有缅甸金丝猴，科学家们组织了数次科学考察。其中，根据当地老百姓的描述，知名灵长类学家龙勇诚推断，这种猴子很可能分布在云南与缅甸接壤的部分山区，尤其可能在高黎贡山和碧罗雪山。此处距离缅甸金丝猴的发现地直线距离仅仅50千米，且两边的自然环境也相差无几，完全具备了缅甸金丝猴栖息的条件。基于此，云南怒江傈僳族自治州林业局和高黎贡山自然保护区怒江管理局的工作人员自南向北跨越泸水市、福贡县和贡山县，对缅甸金丝猴进行了大范围搜索和访问调查，遗憾的是并没有发现此猴。

　　然而，惊喜往往存在意外之间。2011 年 10 月 16 日清晨，片马管理站的护林员六普在保护区内巡逻时，意外地拍到一种全身黑毛的猴子，并将此照片传给了龙勇诚。龙勇诚看到照片，马上认出这就是缅甸金丝猴。经过和之前在缅甸发现的金丝猴的照片比对，世界灵长类专家分析讨论后认定，这就是缅甸金丝猴。在龙勇诚的倡导下，缅甸金丝猴有了中国名字——怒江金丝猴。

　　之后，中国科学院昆明动物研究所张亚平院士课题组和云南大学于黎研究员课题组对新发现的缅甸金丝猴进行了遗传数据分析，并重新厘定了仰鼻猴的家谱。结果发现缅甸金丝猴与滇金丝猴在亲缘关系上最近，它们大约在 33 万年前完成分化，独立成种。

　　2013 年，中南林业科技大学向左甫博士和中科院动物研究所李明研究员针对云南高黎贡山国家级自然保护区南段北部对缅甸金丝猴进行了野外调查。调查结果表明，缅甸金丝猴分布在恩梅开江和怒江之间的高黎贡山地区，活动范围在海拔 2400～3300 米范围内的中山湿性常绿阔叶林及部分竹林、针叶林。缅甸一侧可能有 3～4 群，个体有 260～330 只。中国境内可能至多有 10 群，个体有 490～620 只，仅分布在怒江州泸水市怒江以西的片马、鲁掌、大兴地和称杆地区。此外，调查还发现缅甸金丝猴和其他仰鼻猴一样也属于重层社会，猴群由数个一雄多雌繁殖单元和至少一个全雄单元组成。缅甸金丝猴至少取食 39 种不同的食物，取食部位涉及植物的叶、花、果实、芽、茎、皮和花蕾，与其他仰鼻猴基本一致。由于，缅甸金丝猴栖息地所在的常绿阔叶林能够为猴群全年提供足够且较高质量的食物，它们无需频繁取食地衣这类蛋白质含量低下的食物。

参考文献

［1］白寿昌.滇金丝猴被盗猎的调查［J］.野生动物，1987，1：004.

［2］陈远，王征，向左甫.灵长类动物对植物种子的传播作用［J］.生物多样性，2017，25（3）：325-331.

［3］邓紫云，赵其昆.藏猴替代父母行为［J］.人类学报，1996，15：159-165.

［4］郭程，向左甫，任保平，等.滇金丝猴群中全雄单元在移动时的空间结构与功能［J］.中南林业科技大学学报，2011，31：136-139.

［5］蒋志刚.麋鹿行为谱及PAE编码系统［J］.兽类学报，2000，20：1-12.

［6］李勇，任宝平，李艳红，等.滇金丝猴的行为谱PAE编码系统［J］.四川动物，2013，32：641-650.

［7］李明晶，黄叔乔.贵州野生灵长类动物调查报告［J］.贵州科学，1993，11：68-74.

［8］马世来，王应祥.中国现代灵长类的分布、现状与

保护［J］.兽类学报，1988，8（4）：250-260.

［9］彭鸿绶，李致祥，杨德华.黔金丝猴的习性及其栖息环境的调查研究［M］//中国动物学会.中国动物学会三十周年学术讨论会论文摘要汇编.北京：科学技术出版社，1965.

［10］全国强，谢家骅.关于金丝猴贵州亚种 *Rhinopithecus roxellanae brelichi* Thomas 的资料［J］.兽类学报，1981，1（2）：113-116.

［11］尚玉昌.动物的习惯化学习行为［J］.生物学通报，2006，40：9-11.

［12］夏凡.响古箐滇金丝猴的繁殖行为学研究［D］.北京：中国科学院，2015.

［13］夏凡，朱平芬，李明.等.白马雪山自然保护区响古箐滇金丝猴（*Rhinopithecus bieti*）的交配行为［J］.兽类学报，2016，36：1-14.

［14］谢家骅，刘玉明，杨业勤.贵州梵净山科学考察集［M］.北京：中国林业出版社，1986.

［15］向左甫.西藏红拉雪山自然保护区黑白仰鼻猴 *Rhinopithecus bieti* 的生态与行为研究，中国及其邻近地区兽类动物地理区划数量分析［D］.北京：中国科学院，2005.

［16］袁晓霞，黎大勇，任宝平，等.滇金丝猴0-3岁个体的社会玩耍行为［J］.兽类学报，2014，34：115-12.

［17］杨业勤，雷孝平，杨传东.梵净山研究：黔金丝猴的野外生态［M］.贵阳：贵州科技出版社，2002.

［18］余小玉.秦岭川金丝猴（*Rhinopithecus roxellana*）母婴关系、雄性照顾及一至二岁内幼猴发育行为的研究［D］.西安：西北大学，2006.

［19］张君，胡锦矗.行为生态学在中国的研究与进展［J］.四川师范学院学报，2003，24：325-329.

［20］张忠员，向左甫，崔亮伟，等.灵长类习惯化研究—以灰叶猴（*Trachypit hecus phayrei*）［J］.大理学院学报，2010，4：19.

［21］张云冰.滇金丝猴（*Rhinopithecus bieti*）家庭单元内雌性间社会关系［D］.北京：中国科学院，2012.

［22］邹如金，杨上川，季维智.滇金丝猴幼仔的生长发育［J］.四川动物，1999，18：12-14.

［23］ABRAMS J T.Fundamental approach to the nutrition of the captive wild herbivore［J］. Symp Zool Soc Lond, 1968，21：41-62.

［24］AGORAMOORTHY G. Adult male replacement and social-change in two troops of Hanuman Langurs (Presbytisentellus) at Jodhpur, India ［J］. International Journal of Primatology, 1994，15：225-238.

［25］AGORAMOORTHY G. Infanticide by adult and subadult males in free-ranging red howler monkeys, Alouatta senicuus, in Venezuela［J］. Ethology, 2010，99：75-88.

［26］ALLEN G M. The mammals of China and Mongolia：natural history of central Asia ［J］. Mammals,1938，9（1）：

300-305.

[27] ANDERSON K J, GILLIES R A, LOCK C. Pan thanatology [J] . Current Biology, 2010, 20: 349-351.

[28] ALTMANN J. Baboon mothers and infants [J] . African Journal of Ecology, 1980, doi: 10.1046/j. 1365-2028.2002.t01-5-00393.x.

[29] HAMBURG D A.Aggressive behavior of chimpanzees and baboons in natural habitats [J] . Journal of Psychiatric Research, 1971, 8 (3): 385-398.

[30] BISHOP N. Himalayan langurs: temperate colobines [J] . Journal of Human Evolution, 1979, 8: 251-281.

[31] BLEISCH W V, CHENG A S, REN X D, et al. Preliminary results from a field study of wild Guizhou snub-nosed monkeys (*Rhinopithecus brelichi*) [J] .Folia Primatol, 1993, 60: 72-82.

[32] BOESCH C. Wild cultures: a comparison between chimpanzee and human cultures [J] . Ethnobiology Letters, 2012, doi: 10.14237/ebl.4.2013.13.

[33] DEAG J M, CROOK J H. Social behaviour and 'agonistic buffering' in the wild Barbary macaque [J] . Folia Primatol,1971, 15: 183-200.

[34] DE WAAL F.The age of empathy: nature's lessons for a kinder society [M] . New York: Thre Rivers Press, 2009.

［35］DING W，YANG L，XIAO W. Daytime birth and parturition assistant behavior in wild black-and-white snub-nosed monkeys （*Rhinopithecus bieti*） Yunnan, China ［J］. Behavioural Processes, 2013，94：5-8.

［36］DUNBAR R I M, DUNBAR P. Maternal time budgets of gelada baboons ［J］. Animal Behaviour, 1988，36：970-980.

［37］GRUETER C C, ZHU P, ALLEN W L. Sexually selected lip colour indicates male group-holding status in the mating season in a multi-level primate society ［J］. Royal Society Open Science, 2015，2：150490.

［38］HRDY S B. Male-male competition and infanticide among the langurs （*Prebytis entellus*） of Abu, Rajasthan ［J］. Folia Primatol，1974，22：19-58.

［39］KIRKPATRICK R C, LONG Y. Altitudinal ranging and terrestriality in the Yunnan snub-nosed monkeys （*Rhinopithecus bieti*） ［J］. Folia Primatol，1994，63：102-106.

［40］KIRKPATRICK R C. The natural history of the doucs and snub-nosed monkeys ［M］. Singapore： World Scientific Press，1998.

［41］KIRKPATRICK R. The Asian colobines： diversity among leaf-eating monkeys ［M］. New York： Oxford University Press，2011.

[42] KING B J. How animals grieve [M] . Chicago: University of Chicago Press，2013.

[43] LI T F, REN B P, LI D Y, et al.Maternal responses to dead infants in Yunnan snub-nosed monkey (*Rhinopithecus bieti*) in the Baimaxueshan Nature Reserve, Yunnan, China [J] . Primates, 2012, 53: 127-132.

[44] LIU Z J, REN B P, WEI F W, et al.Phylogeography and population structure of the Yunnan snub-nosed monkey (*Rhinopithecus bieti*) inferred from mitochondrial control region DNA sequence analysis [J] . Molecular Ecology, 2007, 16: 3334-3349.

[45] NICOLSON N A. Infants, mothers, and other females. [M] . Chicago: University of Chicago Press，1987.

[46] PAUL A, PREUSCHOFT S, VAN SCHAIK C P. The other side of the coin: Infanticide and the evolution of affiliative male-infant interactions in Old World primates [M] . Cambridge: Cambridge University Press，2000.

[47] PENE C H M, MURAMATSU A, MATSUZAWA T. Color discrimination and color preferences in Chimpanzees (Pan troglodytes) [J] .Primates, 2020, 61 (3): 403-413.

[48] PINES M, SAUNDERS J, SWEDELL L. Alternative routes to the leader male role in a multi-level society: follower vs. solitary male strategies and outcomes in hamadryas baboons [J] . American Journal of Primatology,2011, 73: 679-691.

［49］ POIRIER F E.The Nilgiri langur （*Presbytis johnii*）mother-infant dyad ［J］. Primates,1968，9：45-68.

［50］ REN B, LI M , LONG Y, et al. Influence of day length, ambient temperature, and seasonality on daily travel distance in the Yunnan snub - nosed monkey at Jinsichang, Yunnan, China ［J］. American Journal of Primatology, 2009，71：233-241.

［51］ REN B P, LI D Y, GARBER P A, et al. Evidence of allomaternal nursing across one-male units in the Yunnan snub-nosed monkey （*Rhinopithecus Bieti*） ［J］. Public Library of Science,2012，1：1-4.

［52］ REN B P, LI D Y, HE X, et al.Female resistance to invading males increases infanticide in langurs ［J］. Public Library of Science, 2011，6： e18971.

［53］ ROBERTS S J, NIKITOPOULOS E, CORDS M. Factors affecting low resident male siring success in one-male groups of blue monkeys ［J］. Behavioral Ecology,2014，25：852-861.

［54］ SWEDELL L. Two takeovers in wild hamadryas baboons ［J］. Folia Primatologica, 2000，71：169-172.

［55］ SUNTSOVA M V, BUZDIN A A.Differences between human and chimpanzee genomes and their implications in gene expression, protein functions and biochemical properties of the two species ［J］. BMC genomics,2020，21：535.

［56］SUSSMAN R W, CHEVERUD J M, BARTLETT T Q. Infant killing as an evolutionary strategy： reality or myth? ［J］. Evol Anthropol,1994，3：149-151.

［57］ TAUB D M.Primate paternalism ［M］.New York： Van Nostrand Reinhold，1984.

［58］ THOMAS O. On a new Chinese monkey ［J］. Proceedings of the Royal Society, 1903，1：224-226.

［59］ TRIVERS R L. Parent-offspring conflict ［J］. American Zoologist,1974，14：249-264.

［60］ VAN SCHAIK C P, JANSON C H. Infanticide by males and its implications ［M］. Cambridge： Cambridge University Press，2000.

［61］ WHITTEN P L.Primate societies ［M］. Chicago： University of Chicago Press，1987.

［62］ WU R, POSSINGHAM H P, YU G ，et al. Strengthening China's national biodiversity strategy to attain an ecological civilization ［J］. Conservation Letters, 2019， 12 （5）：e12660. 10.1111/conl.12660.

［63］ YANG X, BERMAN M, HU H Y, et al. Female preferences for male golden snub-nosedmonkeys vary with male age and social context ［J］. Current Zoology, 2021，1-10： Doi：10.1093/cz/zoab044.

［64］ XIANG Z F, GRUETER C C.First direct evidence of infanticide and cannibalism in wild snub-nosed monkeys

(*Rhinopithecus bieti*) [J] . American Journal of Primatology, 2007, 69: 249-254.

[65] YANG S J. Altitudinal ranging of Rhinopithecus bieti at Jinsichang, Lijiang, China [J] . Folia Primatol, 2003, 74: 88-91.

[66] ZHU P, REN B, GARBER P A. Aiming low: A resident male's rank predicts takeover success by challenging males in Yunnan snub-nosed monkeys [J] . American Journal of Primatology, 2016, 78: 974-982.

[67] HEMELRIJK C K. Models of, and tests for, reciprocity, unidirectionality and other social interaction patterns at a group level [J] . Animal Behaviour, 1990, 39: 1013-1029.

[68] GUMERT M D. Payment for sex in a macaque mating market [J] . Animal Behavior, 2007, 74: 1655-1667.

[69] LUKAS D, CLUTTON B T. Costs of mating competition limit male lifetime breeding success in polygynous mammals [J] . Proceedings of the Royal Society B, 2014, 281: 20140418.

[70] REN R M, YAN K H, SU Y J ,et al. The reproductive behavior of golden monkeys in captivity (*Rhinopithecus roxellana roxellana*) [J] . Primates, 1995, 36: 135-143.

[71] XIANG Z F, SAYERS K. Seasonality of mating and birth in wild black-and-white snub-nosed monkeys

(*Rhinopithecus bieti*) at Xiaochangdu, Tibet [J] . Primates, 2009, 50: 50-55.

[72] XU J, ZHANG Z, LIU W, et al. A review and assessment of nature reserve policy in China: Advances, challenges and opportunities [J] . The International Journal of Conservation, 2012, 46 (4): 554-562.

[73] YANG B, ANDERSON J, LI B G. Tending a dying adult in a wild multi-level primate society [J] . Current Biology Cb, 2016, 26 (10): 403.

[74] ZHAO D, LI B, LI Y, et al. Extra-unit sexual behavior among wild Sichuan snub-nosed monkeys (*Rhinopithecus roxellana*) in the Qinling Mountains of China [J] . Folia Primatol, 2005, 76: 172-176.